AF276437

LA CIENCIA Y EL AZAR

Mireia Ortega

LA CIENCIA
Y EL AZAR

La historia de los descubrimientos casuales
que cambiaron el mundo

A mis grandes amores, simplemente por estar a mi lado.

© Editorial Pinolia, S. L., 2025
© Mireia Ortega, 2025

www.editorialpinolia.es
info@editorialpinolia.es

Primera edición: enero de 2025
Colección: Divulgación científica

Depósito legal: M- 27299-2024
ISBN: 979-13-87556-14-3

Maquetación: Irene Sanz
Diseño cubierta: Óscar Álvarez
Impresión y encuadernación: Industria Gráfica Anzos, S. L. U.

Printed in Spain - Impreso en España

ÍNDICE

INTRODUCCIÓN

Finales del año 1664. El pequeño Edmond observa el cielo desde Haggerston, al este de Londres. Tiene ocho años y la suerte de presenciar cómo una gran bola de fuego, de color rojizo, atraviesa el cielo. Aunque, en realidad, esta suerte la comparten millones de europeos que son testigos del mismo fenómeno. Para Edmond es una casualidad que marcará su vida.

En la actualidad, sabríamos que ese cuerpo celeste era un cometa. Es más, hasta conoceríamos con antelación el día y hora de su paso, así como las ubicaciones desde las cuales sería visible. Pero a finales del siglo XVII, fue un evento sorprendente que provocó interpretaciones especialmente funestas. La impresión general fue que se trataba de un mal augurio, una señal de que todo tipo de catástrofes se cernían sobre el mundo. Así, cualquier mala noticia que ocurriera durante el año siguiente era atribuida al paso del cometa. En España, por ejemplo, la muerte del rey Felipe IV. El siguiente soneto, anónimo, asimilaba de esta forma los dos hechos:

Ese funesto asombro, luz errante
que gira por la esfera cristalina,
de Filipo amenaza la ruina
aunque teme anuncialla vacilante.

11

Con el temor aquí, y allí inconstante
profana infausto la región divina
que a quien tan alta muerte vaticina
no quiere el cielo dar lugar constante.

De la mayor deidad la dura suerte
avisa con temor la antorcha parda
pues su inconstancia el miedo nos advierte.

No alumbre, sino teme; tema y arda
que ser presagio de tan alta muerte
hasta a un astro divino le acobarda.

La dedicatoria que acompañaba estos versos insiste en la relación de causalidad entre uno y otro evento:

Al cometa que se vio en España antes de la muerte del rey Felipe. Era de color sangriento, de movimiento veloz y todas las noches aparecía en diversas partes del cielo.

Pero en la Inglaterra del pequeño Edmond escogieron un hecho muy distinto con el que culpar al cometa. Aunque dependía económicamente de la corona francesa y no se encontraba en su mejor momento, el rey Carlos II de Inglaterra disfrutaba de buena salud. No obstante, sus súbditos lo tenían fácil para señalar la maldición que había anunciado el cometa: un brote de peste bubónica acabó con una cuarta parte de la población de Londres. Según los cálculos actuales, entre 70 000 y 100 000 personas perdieron la vida en esta epidemia que duró aproximadamente año y medio.

Una de las consecuencias de la llamada gran peste de Londres, fácil de comprender hoy en este mundo pospandémico, fue el cierre de la mayoría de universidades inglesas. Isaac Newton, que entonces tenía veintidós años y estudiaba en el Trinity College de la Universidad de Cambridge, se vio obligado a pasar un tiempo confinado en la granja de su familia: Woolsthorpe Manor, una típica casa rural inglesa del siglo XVII que todavía puede visitarse hoy en día. Además de ser el lugar de

12

nacimiento de Newton, fue el escenario de uno de los acontecimientos más importantes de la historia de la ciencia. Y, curiosamente, un hecho que nunca sabremos si fue cierto.

Es durante este año que Newton pasó en la granja cuando sucedió la famosa anécdota de la manzana. Él mismo contó que, paseando, observó caer una manzana de un árbol de la propiedad familiar. Esa caída fortuita propiciaría la formulación de la Ley de la Gravedad, una realidad que ha regido el universo toda su existencia, pero que nadie había estudiado hasta ese momento.

¿Habría Newton hablado de la gravedad en sus *Principios matemáticos de la filosofía natural* de haber estado encerrado en la facultad, en lugar de presenciar el preciso instante en que cayó esa manzana? Nunca lo podremos saber, como, de hecho, nunca sabremos hasta qué punto fue un hecho real o una manera gráfica y poética con la que Newton quiso ilustrar a su biógrafo ese momento de inspiración. Pero el relato está tan arraigado que hasta en 2010, coincidiendo con el 350 aniversario de la Royal Society, un fragmento de ese manzano de Woolsthorpe Manor desafió la gravedad y salió al espacio. Formó parte del equipaje de una misión de doce días en la Estación Espacial Internacional, para luego convertirse en uno de los tesoros de la colección de la Royal Society que Newton había presidido en su día.

Más allá de su veracidad, la fuerza de historias como la de Newton y la manzana es tan atrayente como la de la misma gravedad. Nos fascina pensar que una nimiedad que a muchos nos pasaría desapercibida pueda provocar un avance científico tan decisivo como fueron las teorías de Newton, pilar básico de la física clásica. Enlaza, además, la figura del científico con la de genio, un concepto históricamente posterior, más propio del romanticismo, y que usualmente va ligado a disciplinas más artísticas, más tradicionalmente ligadas a la creatividad. Pero es que si nos cautiva la figura del genio es por su excepcionalidad, por la idea de alguien con una capacidad especial para conseguir al instante y como por arte de magia lo que normalmente entenderíamos que requiere mucho más tiempo y esfuerzo. Porque, sí, en el mundo real, tiempo y esfuerzo son los ingredientes esenciales para conseguir avances científicos.

Llegados a este punto, quizá te preguntes por qué un libro llamado *La ciencia y el azar* empieza tan pronto a discutir los principios que sustentarán dicho título. Bien, tomemos por ejemplo el archiconocido caso de Newton y su manzana. Aunque la historia fuera cierta, ni el mismo Newton defiende que en el momento en el que la manzana impactó contra el suelo su mente tuviera automáticamente formulada la ley de la gravedad. La manzana es, simplemente, la espoleta que dispara, ahora sí, todo ese tiempo y esfuerzo que sin ninguna duda requirió la formulación y redacción de los *Principios matemáticos de la filosofía natural*. El verdadero valor de la visión de Newton consiste en saber sacar provecho de un hecho casual que podría haber pasado desapercibido para cualquier otra persona.

Y es que la ciencia, como la vida, está llena de casualidades. La cuestión es saber convertir estas casualidades en oportunidades. Y ese es el objetivo de este libro: reconocer tanto la genialidad como el esfuerzo de aquellos que fueron capaces de la serendipia, que no desdeñaron el hecho fortuito, sino que lo tomaron como un punto de inicio desde el que trabajar. Y es que, ya lo dijo Picasso: «La inspiración existe, pero tiene que encontrarte trabajando».

Por cierto, el pequeño Edmond, de mayor, se convirtió en amigo y compañero de Newton, siendo él quién le recomendó publicar los *Principia Mathematica*. Seguramente os suene: Edmond Halley, el astrónomo que dio nombre a uno de los cometas más famosos de los que se dejan ver cíclicamente en nuestro cielo. Tampoco sabremos nunca qué habría ocurrido si esa noche de su infancia Halley no hubiese levantado la cabeza hacia al cielo. Pero, como ya he dicho, de nada habría servido para la ciencia esa noche sin toda una vida de trabajo a continuación.

¿Dejamos que el cometa siga su curso y empezamos? Tengo muchas casualidades que contaros.

1

EL FÓSFORO BLANCO (1669)

La primera de nuestras serendipias nos lleva hasta la ciudad de Hamburgo. El año es 1669. Los protagonistas, cincuenta cubos de orina y el alquimista Hennig Brand. Sí, he dicho orina y he dicho alquimista. Empecemos por lo segundo.

Los alquimistas pueden parecer personajes más propios de la literatura fantástica y *medievaloide* que no de un libro de divulgación científica como el que pretende ser este que tienes en tus manos, pero esta distinción, tan clara hoy en día, no lo era tanto en el siglo XVII. De hecho, ese fue el momento donde nació la ciencia moderna, la revolución que ahora nos permite distinguir tan fácilmente un científico de un alquimista o un mago. Fue un proceso que empezó con el Renacimiento y se prolongó durante la Edad Moderna, siendo muchos los pensadores que contribuyeron a separar lo que es ciencia de lo que no lo es. Desde un punto de vista estrictamente científico tal y como ahora lo entendemos, deberíamos citar a Leonardo da Vinci (1452-1519), Nicolás Copérnico (1473-1573), Galileo Galilei (1564-1642) y Johannes Kepler (1571-1630). Todos ellos tenían en común que intentaban aplicar unas reglas metódicas y sistemáticas para alcanzar la verdad, lo que actualmente es la base de toda ciencia y se resume en el método científico.

El método científico está sustentado por dos pilares fundamentales: la reproducibilidad y la refutabilidad. Es decir, un experimento debe poderlo repetir cualquier persona en cualquier lugar para, con las mismas condiciones, llegar al mismo resultado. Y, además, la conclusión a la que llegue dicho experimento debe poder ser refutada. Así, aunque no lo parezca, en la ciencia no hay ninguna verdad absoluta, sino más bien verdades todavía no refutadas. Lo que hoy creemos que sabemos, puede que futuras investigaciones lo desmientan. Del mismo modo que la ciencia nos permite conocer más y entender mejor de lo que podían nuestros predecesores, debemos aceptar que también lo hará a nuestros sucesores.

La necesidad de seguir un método riguroso en realidad ya la plantearon los clásicos de la Antigua Grecia, como Sócrates (470-399 a. C.), Platón (427-347 a. C.) y Aristóteles (384-322 a. C.). Pero fue René Descartes (1596-1650) quien en su *Discurso del método* define por primera vez las reglas para dirigir bien la razón y buscar la verdad en las ciencias. Y sí, Descartes era más filósofo que científico, pero entonces el conocimiento todavía se consideraba unitario y no estaba fraccionado. Otros filósofos que contribuyeron a la consecución del método científico y la ciencia moderna fueron Francis Bacon (1561-1626), Blaise Pascal (1623-1662), Baruch Spinoza (1632-1677), John Locke (1632-1704), Nicolás Malebranche (1638-1715), David Hume (1711-1776), Immanuel Kant (1724-1804) y Georg Hegel (1770-1831).

Resumiendo, el método científico se refiere a la serie de etapas que hay que recorrer para obtener un conocimiento considerado válido desde el punto de vista de la ciencia, utilizando instrumentos fiables que permitan dar resultados objetivos que minimicen la influencia en el proceso de quien los esté manipulando. Aunque no existe una clasificación única ni tan siquiera a la hora de considerar cuántos métodos distintos existen ni cuántas fases conllevan, dentro de la comunidad científica hay un cierto consenso respecto a los siguientes cuatro pasos:

1. Observación: es el punto de partida, el análisis sensorial sobre algo (una cosa, un hecho, un fenómeno) que nos despierta curiosidad o que nos genera preguntas de las que desconocemos la respuesta. Las observaciones deben

16

ser detenidas y concisas, claras y numerosas, pues de ellas dependerá en buena medida el éxito del proceso.

2. Hipótesis: es la explicación pendiente de comprobación que le damos al hecho o fenómeno que hemos observado con anterioridad. Es, pues, una idea que será sometida a examen para confirmar su veracidad.

3. Experimentación: ¡esta es la fase más divertida para la mayoría de nosotros! Aquí es donde se prueba o experimenta para verificar o falsar la hipótesis anterior. El experimento debe permitirnos confirmar la hipótesis o descartarla, parcialmente o en su totalidad.

4. Conclusión: finalmente se llega a reportar un informe de los resultados, para establecer una teoría a partir de los resultados obtenidos. Será una verdad científica hasta que nuevos avances puedan refutarla.

A grandes rasgos, esta sería la «receta» para hacer ciencia. Una cosa que está muy clara en el siglo XXI, pero que hace quinientos años todavía se estaba asentando.

LOS ALQUIMISTAS

Los alquimistas surgieron en el antiguo Egipto. Llevaban a cabo experimentos con elementos básicos y su objetivo era entender los misterios del universo. O sea, como los científicos. Pero no sería correcto llamarlos como tal, ya que la mayoría de las veces se regían por principios más bien esotéricos y supersticiosos. Aun así, permitidme que os hable un poco de ellos, porque sí que dieron lugar a muchos datos interesantes.

Una de las principales obsesiones de los alquimistas, especialmente en Europa durante la Edad Media, era encontrar una manera de transformar los metales básicos, como el plomo o el aluminio, en oro. Aunque no hubiera ninguna prueba de ello, daban por seguro que era una hazaña posible y que existía una sustancia legendaria capaz de conseguirlo: la piedra filosofal. Este era su nombre más conocido, pero también había muchos más, desde piedra de la sabiduría a elixir de la vida eterna. Era más un concepto que una roca con una forma conocida.

El supuesto logro se conseguía envolviendo en cera o en papel un fragmento de la piedra filosofal y arrojándola sobre el metal que se desea transmutar. Al cabo de un breve lapso de tiempo, el metal se habría convertido en oro, un proceso que hasta tenía un nombre así como muy importante: crisopeya.

Puede parecer más bien un ejemplo de *wishful thinking*, aquello de que, si crees firmemente en algo, sucederá solo, porque sí. Pero la verdad es que el pensamiento no es tan descabellado como nos podría parecer en un primer momento. Hasta tiene como base cierta lógica científica si pensamos en las reacciones químicas en las que podemos observar cómo ciertas sustancias reaccionan al mezclarse con otras.

Por ejemplo, muchas sustancias se oxidan al contacto con el oxígeno presente en el aire que respiramos, como es el caso del hierro. Aun así, por mucho que el cambio de aspecto nos pueda hacer pensar que se ha formado un nuevo elemento, esto no es así. Para pasar de un elemento a otro habría que cambiar la cantidad de protones y neutrones del núcleo de los átomos, pero las reacciones químicas carecen de la energía suficiente para hacer algo así. Esto que hoy la ciencia nos ha permitido saber era un hecho completamente desconocido en esa época.

Así que los alquimistas intentaban por todos sus medios hallar esa sustancia transformadora y lo hacían con todo lo que tenían a su abasto. Se propusieron varios ingredientes como candidatos para realizar la mezcla capaz de proporcionar la piedra filosofal, desde la pirita (un mineral muy común compuesto por hierro y azufre que al golpearlo con ciertos metales desprendía una chispa) al rocío que se acumula en las plantas por la mañana.

El poder transformador de la piedra filosofal no era lo único que despertaba tanto interés, sino también los datos que provenían de los tratados de filósofos de la antigua Grecia, donde se hablaba de que la supuesta sustancia también podría tener el poder de curar males y enfermedades y devolver la juventud solo con una infusión de su polvo, convirtiéndose también así en un elixir que podía alargar la vida. Puestos a imaginar, ¿por qué no hacerlo a lo grande?

A partir de aquí, las descripciones eran bastante fantasiosas, como que al beberla se caían la piel, el pelo y las uñas, y de debajo de ellos emergía un cuerpo joven y sano, libre de cualquier enfermedad. Incluso después de beber dicha infusión ya no se necesitaba ingerir ningún alimento, ya que te habías vuelto completamente inmortal.

De hecho, en otro ejemplo de *wishful thinking*, los alquimistas también recurrieron al oro como sustancia perfecta que curaba enfermedades al actuar en nuestro organismo. Pero no sabían que este metal, que forma parte de los llamados metales nobles, tiene una gran resistencia química y es muy difícil de alterar o corroer, por lo que los intentos de presentarlo en lo que hoy llamaríamos un formato bebible supusieron una tarea de lo más complicada. Ahora, como a optimistas no les ganaba nadie, le pusieron nombre: oro potable. Pero fue lo único que obtuvieron: solo el ácido nítrico concentrado mezclado con ácido clorhídrico también concentrado en una proporción de una a tres partes de volumen permite obtener lo que llamamos agua regia, capaz de disolver el oro. Para desgracia de los alquimistas, esta disolución amarillenta es muy corrosiva y fumante, por lo que no puede ingerirse.

Nicolás Flamel, un alquimista francés de finales de la Edad Media, afirmó haber descubierto finalmente la piedra filosofal y haber logrado así la inmortalidad gracias a ella. Pero esta conclusión fue refutada por su propia muerte en 1418. No obstante, el nombre de Flamel seguramente les suene a los seguidores del mago Harry Potter. Flamel es mencionado en *Harry Potter y la piedra filosofal* y hasta aparece como personaje en el *spin-off* cinematográfico *Animales fantásticos: los crímenes de Grindelwald*, donde lo interpreta Brontis Jodorowsky (sí, el hijo de Alejandro Jodorowsky).

Pero por mucho que los alquimistas nos hayan llegado como personajes de libros y películas más que como motivo de estudio académico, debemos tener en cuenta que este cambio llegó, precisamente, a finales del siglo XVII. De hecho, la obra que marca el

19

fin de la Revolución Científica y la llegada de la ciencia moderna ya la he mencionado en la introducción: son los *Principios matemáticos de la filosofía natural* (*Philosophiae naturalis principia mathematica*) de Isaac Newton... quien, por aquel entonces, entre todos sus títulos, también contaba con el de alquimista.

CINCUENTA CUBOS DE ORINA

Ahora sí, podemos volver a la escena de ese Hamburgo de 1669, con los cincuenta cubos de orina que atesoraba el alquimista alemán Hennig Brand.

Brand había nacido alrededor del año 1630. Tampoco os puedo concretar mucho más porque la información sobre él es escasa: de familia relativamente humilde, fue aprendiz de vidriero, un oficio que bien pudo haberle dotado de habilidades que luego utilizaría en sus pesquisas alquimistas, como la manipulación de las altas temperaturas. También tuvo una faceta militar, participando en la guerra de los Treinta Años como oficial subalterno. Después de la muerte de su primera esposa, con quien tuvo dos hijos, se casó en segundas nupcias con una viuda adinerada llamada Margaretha quien por su lado ya tenía otro hijo.

Pero la auténtica pasión de Hennig Brand era la alquimia y el más alto objetivo de esa disciplina: encontrar la piedra filosofal. De hecho, parece ser que invirtió la dote recibida de su primera esposa en un laboratorio en el que prácticamente vivía. Y el interés principal de su segundo matrimonio era que los ahorros de su nueva esposa sirvieran para financiar sus investigaciones.

La línea de investigación de Brand, por llamarlo de alguna manera, consistía en combinar su propia orina con otras substancias. Siempre documentándose con diferentes tratados de alquimia, empezó intentando seguir una receta para convertir la orina concentrada en plata gracias al nitrato de potasio. El experimento fue un fracaso, pero él no cesó en su empeño.

Hasta llegar a esa noche de 1669. Esa vez, la prueba era de una magnitud mayor, pues pretendía convertir el orín en oro. Para ese experimento necesitaba una cantidad mucho más grande de

20

la habitual, no podía ser suficiente con su propia orina. Y, aunque no sabemos de dónde la obtuvo, sí que nos ha llegado esta cifra de 50 cubos. Que, si de por sí ya no sería una acumulación muy agradable de mantener en el laboratorio, cabe añadir que, además, la había dejado reposar al sol durante dos semanas. Entonces, hervía el líquido hasta que quedaba como un sirope espeso separado en tres partes de diferente densidad: una más aceitosa y rojiza en la parte superior, una solución pastosa, esponjosa y oscura, y finalmente una sustancia salada. Brand descartó esta última y mezcló las otras dos, durante 16 horas a más de 300 °C. Teniendo en cuenta los sistemas de ventilación del siglo XVII, el olor en el laboratorio debía ser cuanto menos peculiar.

En aquel momento del experimento, la piedra filosofal todavía era esquiva, pero sí que de la mezcla emanaban unos gases que después, por condensación, llenaban recipientes gota a gota con un líquido brillante. Al cabo de un rato, este líquido se solidificaba, pero seguía brillando en la oscuridad, con una luz de color verdoso, pálida pero suficientemente potente y persistente en el tiempo como para iluminar una estancia para leer. El sorprendente descubrimiento de Brand no acababa aquí: además, cuando estaba en contacto con el aire, esa misteriosa sustancia ardía en llamas de manera espontánea emanando un olor comparable al del ajo.

El asombrado Hennig Brand (al menos esa es la expresión con la que lo retrató cien años después el pintor inglés Joseph Wright) ignoraba que, gracias a sus inverosímiles experimentos para encontrar la piedra filosofal a partir de la orina, se había descubierto por sorpresa lo que hoy sabemos que era el fósforo blanco. Nombre que proviene del griego *phos*, que significa «luz», y *phorus*, que significa «traer» o «llevar».

Quizá fueron buenos años para los productores cerveceros de Hamburgo, ya que el proceso se alargó seguramente durante meses en los cuales se calcula que Brand llegó a usar ¡5 500 litros de orina! Y todo, para obtener tan solo 120 gramos de fósforo. Insisto en que era imposible que utilizara solo la orina propia, ya que, haciendo unos cálculos rápidos, de media una persona puede producir 1,4 litros de orina diarios, lo que significarían

131 meses o, lo que os lo mismo, once años, para acumular tal cantidad de un solo «proveedor».

¿Qué hizo Brand con ese descubrimiento? Primero intentar comprobar si la nueva sustancia era o no era la piedra filosofal, pero poco más. La alquimia se practicaba con sumo secretismo, así que pasaron seis años hasta que Brand comunicara el hallazgo a su entorno. Aunque, sobre el proceso de producción, solo insinúo que era a partir de material «de procedencia humana». Esta comunicación debió ser de tipo oral, ya que en ese primer momento no hay ningún documento al respecto. De hecho, tanto tiempo investigando sin resultados lucrativos debía estar acabando con los ahorros de la segunda esposa de Brand, ya que esté acabó «vendiendo» parte de su producción de fósforo a un compañero alquimista, Johann Daniel Kraft.

En la primavera de 1676, Kraft trazó un plan para tratar de enriquecerse gracias a ese curioso elemento. Profesionalmente ligado a la industria textil, Kraft muestra un espíritu más emprendedor que Brand, a quien parecía interesarle mucho más la investigación y se asimilaba mucho más con el tópico de científico loco. Dicen que, para burla de muchos, se hacía llamar a sí mismo Herr Doktor Brand. Pero el pragmático Kraft ensayó una demostración de las propiedades misteriosas del fósforo blanco y recorrió las cortes europeas mostrando tales maravillas. Básicamente se trataba de un entretenimiento para la realeza y los cortesanos, por el cual cobraba una tarifa. Durante el tiempo que duró esa especie de gira, Kraft presumió de haber sido él el descubridor del fósforo, un mérito que muchos otros también se atribuyeron al conocer la existencia de la sustancia e intentar reproducirla.

Que en la actualidad conozcamos la existencia de Brand y el verdadero descubrimiento del fósforo se lo debemos a Gottfried Wilhelm Leibniz, matemático alemán considerado el padre del cálculo diferencial y del sistema binario en el que se basa toda tecnología digital. Leibniz trabajaba para el duque Federico de Sajonia cuando en 1676 este asistió a una de las demostraciones de Kraft, en Hannover. Meses más tarde, se encontraba en Hamburgo comprando unos libros cuando llegó a sus oídos que un lugareño sabía producir el famoso fósforo que ya estaba en boca de todos. Leibniz localizó a Brand y este le relató sin problema todo el proceso de producción, demostrando así que Kraft solo tenía los derechos de explotación del fósforo, pero no la autoría del descubrimiento. Incluso se ofreció a instruirle si estaba dispuesto a pagarle, lo cual parece confirmar la necesidad económica del alquimista.

Leibniz prometió a Brand pedir al duque que le permitiera realizar dicha instrucción en Hannover. Abierta esta nueva vía de ingresos y, seguramente, visto el comportamiento de Kraft, Brand dejó de suministrar fósforo al industrial. Acudió a Hannover, en al menos dos ocasiones, enseñando así a Leibniz todos los entresijos del proceso de producción del elemento.

Si hoy sabemos que Brand fue el descubridor casual del fósforo fue gracias a la documentación conservada por Leibniz, entre la cual hay cartas de Margaretha, segunda esposa de Brand. A partir de aquí, de Brand solo consta que vivió hasta 1698, cuando tenía unos sesenta y ocho años. Nunca obtuvo, claro está, la piedra filosofal, pero fue la primera persona en aislar un elemento químico de manera artificial, aunque fuera sin intención.

¿Y QUÉ ES EL FÓSFORO?

El fósforo es un elemento no metal, perteneciente a los pnictógenos (grupo 15 en la tabla periódica), de número atómico 15 y símbolo P. Existen varias formas alotrópicas, las más comunes son el fósforo rojo y el fósforo blanco, siendo este último el que descubrió Hennig Brand a partir del orín. En la naturaleza, el fósforo no se encuentra aislado de manera natural, sino en su forma oxidada: los fosfatos. Esto sucede porque se trata de un elemento altamente reactivo. Como en contacto con el aire se oxida muy rápidamente, el fósforo blanco se conserva en agua ya que es insoluble en esta.

Los fosfatos tienen en común un átomo de fósforo rodeado por cuatro átomos de oxígeno en forma tetraédrica (PO_4^{3-}) y

23

tres cargas negativas en forma de electrones. Estas tres cargas tienen que ser compensadas por tres positivas. Dos podrían ser tomadas por el sodio (Na^+) siendo este un elemento metálico abundante en la orina.

Pues bien, la orina contiene fósforo, pero más de un 93 % de este se encuentra como fosfatos (fosfato de sodio, por ejemplo). Además, la orina también contiene materia orgánica, es decir, compuestos basados en el elemento carbono como la creatina, que seguro que te suena porque se encuentra sobre todo en las células de las fibras musculares. El carbono, como veremos a continuación, es indispensable para liberar el fósforo del fosfato.

Lo que sucedía en los matraces de Brand es que, bajo la acción de una fuerte fuente de calor, los átomos de oxígeno de los fosfatos reaccionaban con el carbono de los compuestos orgánicos de la orina, produciendo monóxido de carbono (CO) y dejando libres los átomos de fósforo. Estos formaban estructuras tetraédricas de cuatro átomos (P_4) que se liberan en forma de gas extremadamente tóxico.

Una bomba de fósforo blanco explota, mientras el barco es utilizado como blanco en la bahía de Chesapeake, 23 de septiembre de 1921. Un bombardero bimotor Martin del Ejército vuela por encima.

24

Por lo a que su resplandor se refiere, esto no fue explicado hasta el año 1974 por los científicos del departamento de Química y Biofísica de la Universidad Estatal de Míchigan Richard J. Van Zee y Ahsan U. Khan. En la superficie del fósforo, sea en estado sólido o líquido, se produce una reacción con el oxígeno en la cual se forman unas moléculas de vida muy corta: HPO y P_2O_2, las cuales emiten luz visible. La reacción en sí es lenta y requiere una cantidad muy pequeña de estas moléculas de vida corta para producir luminiscencia, de ahí que el fósforo brille por un tiempo prolongado en un frasco tapado, como corroboró Hennig Brand. Si además hay arena, esta reacciona con cualquier metal presente para formar silicatos como el silicato de sodio (Na_2SiO), aunque esta última parte nunca la comprobó Brand.

Así, el cambio químico general es: fosfato de sodio + carbono + arena + calor = fósforo + monóxido de carbono + silicato de sodio. Los términos fósforo y fosforescencia se utilizaron de forma general para describir sustancias que brillan en la oscuridad sin quemarse. Aunque el término fosforescencia deriva del fósforo, la reacción que da al fósforo su característico brillo se llama quimioluminiscencia (resplandor debido a una reacción química en frío) y no fosforescencia (reemisión de luz que previamente cayó sobre una sustancia y la excitó).

Este sigue siendo esencialmente el mismo proceso que se utiliza hoy en día para obtener fósforo. El único cambio es que se usa mineral de fosfato de calcio, carbono procedente del carbón de coque y que el calentamiento se realiza dentro de un horno eléctrico cuya temperatura puede ser controlada.

Aun así, el método de Brand podría haber sido mucho más eficiente. El principal problema es que, cuando separaba la orina en tres sustancias distintas, descartaba el residuo salado. Esa es precisamente la parte donde se halla la mayor parte de fosfatos. Si la hubiera utilizado, podría haber obtenido entre 10 y 100 veces más cantidad de fósforo que la poca que logró. De hecho, si contamos que un litro de orina de adulto contiene de media 1,4 gramos de fosfatos, de aquí Brand podría haber conseguido 0,11 gramos de fósforo puro.

Otra parte muy mejorable del procedimiento de Brand, porque le hacía perder tiempo sin motivo alguno, es que no necesitaba hacer reposar la orina durante días antes de empezar a calentarla. Este paso no interviene en nada en la cantidad de fósforo ni ayuda a su extracción, aunque la creencia de que sí lo hacía perduró durante unos cuantos años. Fijaos en el inicio del primer protocolo (publicado en inglés) en *Philosophical experiments and observations of the late eminent Dr. Robert Hooke F. R. S.*, escrito por el doctor William Derham y publicado en el 1726, más de medio siglo después del hallazgo de Brand:

> Tome una cantidad de orina (no menos para un experimento que 50 o 60 cubos llenos); déjelo reposar en uno o más recipientes hasta que se pudra y engendre gusanos, lo hará en 14 o 15 días. Luego, en una tetera grande, poner a hervir un poco a fuego fuerte y a medida que se consuma y se evapore, vierta más y así sucesivamente, hasta que, por fin, toda la cantidad se reduzca a una pasta, se puede hacer en dos o tres días si el fuego está bien cuidado, o puede que sea durante quince días o más…

OTROS FÓSFOROS

Aunque hoy en día nos parezca descabellado que Brand buscase la piedra filosofal a partir de la orina, la verdad es que tiene cierta lógica que realizara experimentos con un material del que se puede disponer fácilmente. Pero, entonces, ¿no podrían otras personas en la historia haber descubierto el fósforo antes que Brand?

Pues, aunque no podemos demostrar tal afirmación, sí que es cierto que a lo largo de la historia tenemos diversas e interesantes referencias a materiales curiosos que podrían haber sido fósforo. Hasta en la época de la antigua Roma.

El filósofo y teólogo cristiano san Agustín (354-430 d. C.) escribió sobre luces «perpetuas» que se veían en los sepulcros cristianos. Más adelante, el alquimista francés del siglo XVI Achid Bechil se refirió a un curioso material al que llamó carbunclo y que, atención, se formó cuando destiló orina mezclada con arcilla, cal y otras materias orgánicas. En realidad, esta mezcla bien podría desprender fósforo si se calienta fuertemente, pero Bechil nunca describió un brillo en la oscuridad ni llamas, por lo que en este caso parece poco probable que fuera fósforo.

Más fiable fue un escrito de Paracelso (1493-1541), médico y alquimista nacido en Suiza. Conocido como el fundador de la medicina moderna, publicó una receta para la destilación de la orina, donde afirmaba:

> El agua, el aire y la tierra ascenderán juntos y el fuego quedará atrás. Todo se recombina y se destilan por segunda, tercera y cuarta vez, al punto en el que la Tierra quedará atrás. Enfriar el material destilado produce carámbanos, que son los elementos del fuego.

Esto suena como una referencia al fósforo, pero si Paracelso realmente hubiera descubierto el fósforo, con todo lo que sabemos de él, seguro que habría más información y experimentos y habría sacado provecho de ello. Así que, aunque nada es descartable, no hay evidencia que convenza de que algún experimento anterior acabase con la obtención del fósforo y por eso es Brand quien se sigue considerando el descubridor de este elemento.

Un elemento, cabe decir, que más allá del entretenimiento que pudiera suponer para las cortes centroeuropeas y la capacidad de animar a los alquimistas a seguir buscando la piedra filosofal, en su momento fue muy poco valorado. Debemos adelantarnos a un siglo después, cuando el químico francés Antoine Lavoisier (1743-1794) postuló por primera vez que toda la materia estaba compuesta de elementos químicos y enumeró varios de ellos, incluyendo el fósforo.

LOS USOS DEL FÓSFORO

El primer intento de dar al fósforo una aplicación práctica fue en el campo de la medicina, aunque fue una prueba que tuvo muy poco recorrido. Más que un medicamento prometedor, enseguida se corroboró que la mayoría de las veces era peor como remedio que la propia dolencia que se pretendía curar. Sus efectos tóxicos pueden causar quemaduras e irritación, vómitos, calambres en el estómago, daño al hígado, los riñones, el corazón, los pulmones, los huesos y hasta llegar a causar la muerte. Teniendo en cuenta siempre, claro está, que los efectos de la exposición a cualquier sustancia tóxica dependen de su dosis, la duración, forma de consumo, características personales del sujeto, presencia de otras sustancias químicas, etc.

Visto que el fósforo puede ser tan dañino, no es de extrañar que, por desgracia, haya tenido más éxito en sus usos bélicos, sobre todo en la fabricación de artefactos explosivos. En concreto, el fósforo blanco combinado junto con una aleación de tungsteno, pequeñas partículas de níquel y cobalto: al explotar, todos estos elementos actúan como una metralla que continúa ardiendo durante un largo periodo después de la deflagración, gracias al efecto, que ya hemos contado, que sucede al entrar en contacto el fósforo con el oxígeno. Esta reacción química produce un intenso calor (unos 815 °C), luz y espeso humo, de manera que también se utiliza para ocultar los movimientos de las tropas. Al tratarse de un arma incendiaria, el Protocolo III de la Convención sobre Armas Convencionales de 1980 prohíbe su uso sobre la población civil. Organizaciones internacionales como Human Rights Watch y Amnistía Internacional han denunciado en diversas ocasiones el uso que Israel ha hecho del fósforo blanco sobre población civil en Palestina.

La capacidad tóxica del fósforo también se ha usado en la agricultura como ingrediente de insecticidas y herbicidas, entre ellos, uno de los más famosos por ser controvertido: el glifosato.

Pero tampoco es cuestión de maldecir a Brand y sus experimentos con la orina. El fósforo también tiene aplicaciones más útiles, ¿o no es también un sinónimo de cerilla? Este es también un descubrimiento que bebe de la casualidad: en 1827, el químico y farmacéutico inglés John Walker (1781-1859) estaba experimentando con el objetivo de crear un nuevo explosivo. La primera cerilla de la historia fue el utensilio con el que removía la

28

mezcla de químicos en la que estaba trabajando: observó que en su extremo se había secado una gota del mejunje tomando una forma como de lágrima sólida. La historia quiso que a Walker no se le ocurriera nada más que intentar eliminar ese residuo frotando el palo con el suelo del laboratorio, provocando la fricción y, para su gran sorpresa, que se encendiera una llama. A partir de aquí, las cerillas fueron evolucionando: en un principio eran muy tóxicas, desprendiendo un olor muy desagradable y produciendo todo tipo de enfermedades a quien hiciera mucho uso de ellas o, eso seguro, a quienes las fabricaban. En parte, esto era debido a que utilizaban, una vez más, el fósforo blanco. En realidad, y por suerte, las cerillas que usamos actualmente son diferentes. El fósforo, en este caso rojo, se encuentra en la parte de la caja donde frotamos la cerilla para encenderla. En el momento de la combustión, la reacción química que se produce es lo que convierte el

ASC

El fósforo rojo de las cerillas es la forma más común y de mayor uso comercial de este elemento. En su estructura, el fósforo se encuentra formando redes desordenadas de átomos unidos entre sí. Se obtiene del fósforo blanco calentándolo en una atmósfera inerte. Además del fósforo rojo y el fósforo blanco, otro alótropo del fósforo es el negro. Este se consigue calentando el fósforo blanco a una temperatura de 200 °C y sometiéndolo a presión. El resultado es un sólido escamoso que está compuesto de anillos de seis átomos de fósforo cada uno y sus capas se separan igual que las del grafeno.

29

fósforo rojo en fósforo blanco... ¡Pero en una cantidad de la que no tenemos que preocuparnos!

Además de esta aplicación, tenemos que agradecer también al fósforo que, aunque pueda parecer raro, la vida no sería posible sin este elemento. ¡Está presente en todas y cada una de las células de nuestro organismo! Eso sí, en forma de fosfato. De hecho, los fosfatos son parte fundamental de la estructura del ADN y de nuestra molécula energética por excelencia: el adenosín trifosfato (ATP para los amigos). Derivados del fósforo también son importantes reguladores de las proteínas, por no hablar de los fosfolípidos, cruciales constituyentes de las membranas celulares.

Así que, quizá, la acumulación de cubos de orina de Hennig Brand fue infructuosa en lo que a encontrar la piedra filosofal se refiere, pero gracias a él, y con un poco de suerte, conseguimos aislar un elemento que es básico para la vida... y que no va mal para la cocina o una barbacoa.

Eso sí, la piedra filosofal no era ninguna fantasía. Al menos, en lo de convertir metales como el plomo en oro: la ciencia lo ha conseguido. En 1980, el químico estadounidense Glenn Seaborg (1912-1980) logró transmutar un isótopo del bismuto, bismuto-209, en oro. La idea era usar un acelerador de partículas para eliminar protones y neutrones de un puñado de átomos de bismuto hasta transmutarlos en oro. Y tuvo éxito. Al menos en el plano experimental. El procedimiento, lamentablemente, era demasiado caro (e inestable) como para hacer oro de forma industrial. Pero esto no le resta mérito: es quien más se ha aproximado a la meta soñada por los alquimistas y ha demostrado que la ciencia puede hacer posible lo que parecía imposible.

CURIOSIDADES

La orina, producida por los mamíferos, es un líquido amarillento y transparente generado por nuestros riñones. Son los órganos encargados de extraer los desechos solubles del torrente sanguíneo, así como el exceso de agua, azúcares y una variedad de otros compuestos. La orina resultante de esta depuración contiene altas concentraciones de urea (procedente del metabolismo de los aminoácidos), sales inorgánicas (cloruro, sodio y potasio), creatinina, amoníaco, ácidos orgánicos, diversas toxinas solubles en agua y productos pigmentados de la descomposición de la hemoglobina, incluida la urobilina, que da a la orina su color característico. La orina es la ruta principal por la cual el cuerpo elimina los productos de desecho solubles en agua, aunque en condiciones normales es estéril, o sea, libre de patógenos. Un adulto medio genera entre 1,5 y 2,0 litros de orina al día, lo que a lo largo de toda una vida sería suficiente para llenar una pequeña piscina (5 x 8 x 1,5 m). Qué bonita imagen, ¿verdad?

Si bien la orina se considera, en gran medida, un producto de desecho, tiene un valor considerable como biofluido de diagnóstico. De hecho, el análisis de orina con fines médicos se remonta al antiguo Egipto. Hipócrates legitimó en gran medida la práctica médica de la uroscopia (el estudio de la orina para diagnóstico médico), donde para identificar una variedad de enfermedades se utilizaba el examen del color, la turbidez, el olor e incluso el sabor de la orina... Aunque esto último hoy en día ya no se hace, obviamente.

A lo largo de la era bizantina y hasta bien entrada la Edad Media, los médicos utilizaban comúnmente un diagrama que vinculaba el color de la orina con una enfermedad particular para hacer diagnósticos. Por ejemplo, un color parduzco indicaría ictericia, un tono rojo (sangre) podría indicar tumores del tracto urinario, la ausencia de color sería indicativo de diabetes y la orina espumosa indicaría proteinuria, exceso de proteínas en la orina.

Con la llegada de las técnicas clínicas modernas, a mediados del siglo XIX, la uroscopia desapareció en gran medida. Sin embargo, la orina ha seguido siendo una piedra angular importante de la práctica médica moderna. De hecho, fue el primer biofluido que se utilizó para diagnosticar clínicamente una enfermedad genética humana: la alcaptonuria, una enfermedad hereditaria y rara que se caracteriza por un trastorno

31

del metabolismo de la tirosina y la fenilalanina. Incluso hoy en día, el análisis de orina se realiza de forma rutinaria a través de pruebas con tira reactiva que pueden medir fácilmente la glucosa, la bilirrubina, los cuerpos cetónicos, los nitratos, la esterasa leucocitaria, la gravedad específica, la hemoglobina, el urobilinógeno y las proteínas en la orina. También se pueden utilizar análisis de orina más detallados para estudiar diferentes afecciones renales, como enfermedades de la vejiga, los ovarios y los riñones.

2

LOS RAYOS INFRARROJOS (1800)

No es lo mismo ver que fijarse. Una de las virtudes que motiva los hallazgos científicos es precisamente la capacidad para discernir qué es lo relevante de entre todo lo que se está viendo. En muchos casos, alguien simplemente sabe interpretar de una manera nueva algo que quizá muchos ya habían visto antes sin saberlo. Pero es que nuestro siguiente protagonista todavía fue más allá, porque fue capaz de fijarse en algo invisible.

Friedrich Wilhelm Herschel nació el 15 de noviembre de 1738 en la ciudad de Hannover. Aunque la ciudad alemana sería el punto de partida de una biografía injustamente desconocida, por lo mucho que dio de sí, sobre todo científicamente, la mayor parte de la vida de Herschel tuvo lugar en Reino Unido. Es por este motivo que la historia suele referirse a él como germanobritánico y con el nombre de William Herschel.

El primer hecho casual que facilitó el descubrimiento científico que ahora nos ocupa fue la invasión francesa de Hannover en 1757. Tanto William como su hermano mayor, Jakob, y su padre, Issak, formaban parte de las tropas de defensa, aunque lo que empuñaban era en realidad un oboe: los tres eran músicos de la banda. Cuando las tropas comandadas por Louis Charles César Le Tellier se hicieron con la victoria, Issak decidió enviar a sus dos hijos mayores a Inglaterra. Quizá temía represalias de los franceses hacia los que se habían resistido a su nuevo yugo.

ASC

Retrato de Friedrich Wilhem Herschel.

En cualquier caso, la elección del destino era lógica: el entonces rey inglés Jorge II había nacido en Hannover, y los Herschel ya habían estado destinados dos años a Inglaterra. De hecho, en la misma época, uno de los más importantes músicos del barroco también había hecho el mismo camino de Alemania a Inglaterra: Georg Friedrich Händel.

En Reino Unido, William Herschel tardó diez años en establecerse definitivamente en un lugar. Así, pasó por las ciudades de Sunderland, Newcastle, Leeds y Halifax, todas al norte de Inglaterra, pero finalmente optó por quedarse en Bath, justo en la otra punta de la isla, al suroeste.

Durante todo este tiempo, William se dedicó en cuerpo y alma a la música. Dicen que era un gran oboísta, pero también tocaba el violín y el clavecín. Además, trabajaba de copista escribiendo partituras y también componía. Suyas son hasta veinticuatro sinfonías, además de diversas obras religiosas. Cuando se instaló en Bath, su trabajo fue el de organista en la recién construida Capilla del Octágono.

Inmersión familiar en la ciencia

Cinco años después de haberse establecido en Bath, a William se le añadió su hermana Caroline (¡los Herschel eran en total 10 hermanos!). Era 1772 y tanto William como Caroline compartían una afición: la astronomía. Y es que de la teoría musical a las matemáticas hay un paso y de allí a la astronomía la distancia es corta. Pero quién sabe si estamos ante otra de esas pequeñas casualidades que dirigen el cauce de una vida hacia un destino concreto. A lo mejor, sin la convivencia con su hermana William no se habría prodigado tanto en la astronomía.

El hecho es que William y Caroline se sumergieron en la lectura de diversos libros de astronomía, aprendiendo así a estudiar los astros y a construir telescopios con los que observarlos. William hasta tomó lecciones de un constructor de espejos para poder fabricarse sus propios telescopios reflectantes. Se dice que era perfectamente capaz de dedicar 16 horas a pulir espejos en un solo día. Además de Caroline, también se añadió a estas tareas otro de los hermanos Herschel, Alexander, especializado en la parte más mecánica del proceso. Las observaciones desde el patio trasero de la casa familiar[1] empezaron con un sencillo telescopio de 15 cm de diámetro, pero se sofisticaron hasta lle-

---

[1] Era el número 19 de la calle New King, donde actualmente se puede visitar un museo dedicado a Herschel.

gar a construir el más grande del mundo, un gigante de 121 cm de diámetro y 12 m de largo. Tal fue la dedicación de los tres hermanos Herschel que sus telescopios se ganaron una fama superior incluso a la de los utilizados en el Observatorio Real de Greenwich.

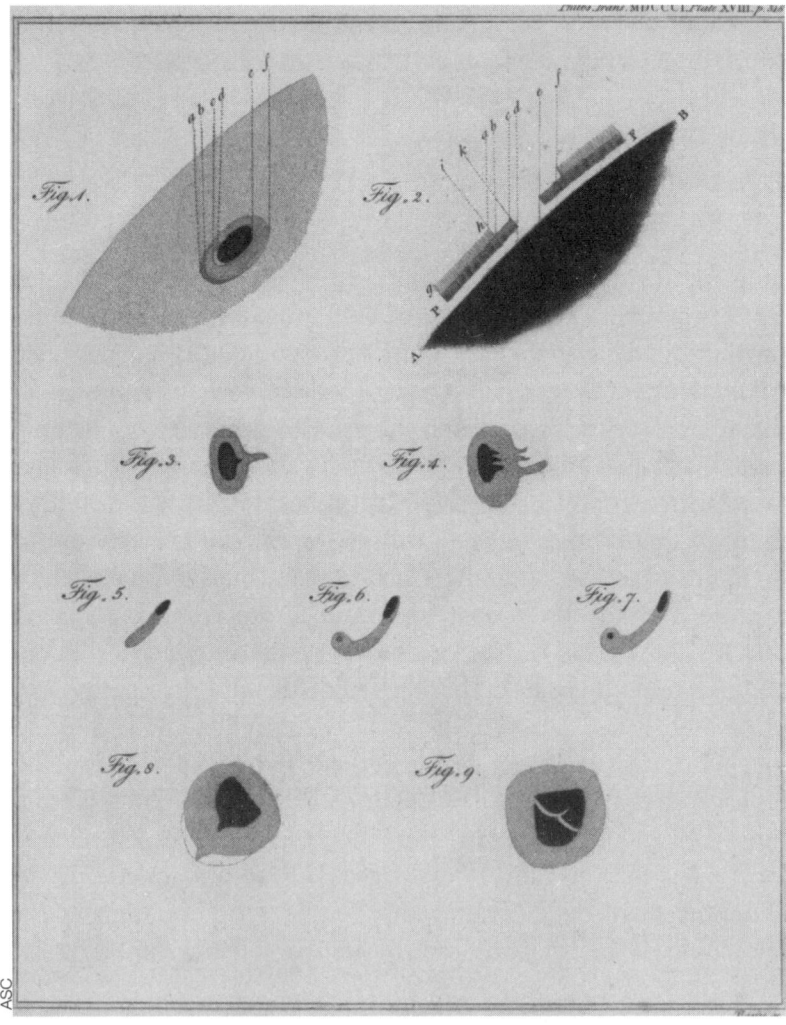

Manchas solares ilustradas por Herschel
en su investigación de la naturaleza del Sol.

Así, con la ayuda de sus propios telescopios, William se dedicó a observar el universo y a anotar en un diario astronómico todos los datos que podía. En 1782 publicó por primera vez un catálogo de estrellas dobles, el cual actualizará en 1785 y 1821, llegando a registrar un total de 848 estrellas. También publicó un catálogo de 2 500 nebulosas en 1802, que luego actualizaría en 1820 duplicando ese número inicial.

En esa época, la astronomía era un pasatiempo muy popular entre las clases pudientes, aunque pocos se debían dedicar con tanto ahínco como William Herschel. Se convirtió en uno de los miembros más activos de la Bath Philosophical Society, utilizando la entidad, ahora ya extinta, para difundir sus observaciones e ideas. Algunas de sus notas se conservan en dos grandes volúmenes publicados por la Royal Astronomical Society.

UN NUEVO PLANETA

De entre todas las observaciones que realizó Herschel a través de sus telescopios, la más trascendente fue, sin duda, el descubrimiento de un nuevo planeta, ampliando así las fronteras del sistema solar conocidas hasta el momento. Dicha observación tuvo lugar el 13 de marzo de 1781. William detectó un objeto y lo describió en su cuaderno como «una curiosa estrella difusa» que, en comparación al resto, era «visiblemente más grande». ¿Qué era ese objeto? Herschel descartó enseguida que se tratara de una estrella, pues tenía un movimiento distinto a todas y, además, su forma era más bien de disco. Por estos motivos, dedujo que tenía ante sí un objeto propio del sistema solar. Las opciones eran tres: un planeta, un satélite o un cometa. En un inicio, Herschel se decantó por un cometa, ya que los planetas se daban todos por conocidos y, sin un planeta cerca, tampoco podía ser un satélite. No obstante, no tardó en detectar que ese nuevo astro tenía el contorno bien definido, a diferencia de los cometas, más difusos. Además, su órbita era lenta y prácticamente circular, cuando la de un cometa debería ser mucho más rápida y alargada. Por tanto, ante su propia sorpresa,

37

se vio obligado a rectificar su valoración inicial y admitir que, por primera vez desde las primeras observaciones de Galileo ciento setenta y tres años antes, se había topado con un nuevo planeta, claramente situado mucho más lejos del Sol que Saturno, prácticamente al doble de distancia. Era la primera vez que se descubría un planeta en la historia moderna y fue el primero descubierto gracias al telescopio. El hallazgo obligaba a replantear la mismísima concepción del sistema solar, abriendo la puerta a planetas aún más lejanos, como se acabaría comprobando años más tarde con el descubrimiento de Neptuno.

El descubrimiento del nuevo planeta llegó a oídos del rey Jorge III, gracias al científico William Watson. Fue un momento decisivo en la vida de William Herschel: el monarca quiso premiarlo nombrándolo miembro de la Royal Society. Es evidente el honor que conllevaba dicha membresía, pero aún más decisivo era el salario de 200 libras anuales que incluía. Esto significó para Herschel dejar la música para dedicarse de lleno a la ciencia. La afición se convirtió en profesión y así pudo dedicar todavía más tiempo y recursos a sus observaciones y telescopios. También le fue otorgada la medalla Copley de la Royal Society, un reconocimiento anual y personal a quien haya logrado algún hito científico remarcable.

Pero la cosa no quedó ahí: en 1782, Jorge III lo nombró astrónomo real, lo que significó abandonar Bath para trasladarse a Datchet, una pequeña población colindante con el castillo de Windsor. Aunque no sería el destino definitivo de William y su hermana Caroline, quien siempre le asistió con las tareas astronómicas. En 1786 se mudaron a Slough, una población tres kilómetros al norte y un poco más grande, donde ya residirían el resto de su vida.

Todas esas recompensas ayudan a comprender que Herschel acabara proponiendo bautizar el nuevo planeta con el nombre del rey Jorge III. Una sugerencia que, lógicamente, no logró calar, pues hoy no conocemos ningún planeta llamado así. El motivo, comprensible, es que más allá de las fronteras británicas no parecía tan buena idea llamar a un planeta con el nombre de un rey extranjero. La alternativa era utilizar el nombre de su descubridor, una opción especialmente popular en Alemania, país de origen de Herschel. Durante cuarenta años convivieron las dos opciones: era el mismo planeta, pero algunos lo llamaban Jorge y otros Herschel. Finalmente, después de la muerte de ambos, la opción que se acabó adoptando fue la que conocemos hoy: Urano. El nombre, que seguía la secuencia mitológica del resto de planetas, fue idea del astrónomo alemán Johann Bode. El divulgador Gonzalo Ugidos lo explica así en su libro *Chiripas de la historia*:

> Si Saturno era el padre de Júpiter, el nombre del nuevo planeta debería ser Urano, que era el padre de Saturno. La idea se aceptó y desde entonces el séptimo planeta del sistema solar se llama Urano y no Jorge, como quiso Herschel, ni Herschel, como quisieron los astrónomos alemanes. Ni para ti, ni para mí, sino para los dioses del Olimpo.

Curiosamente, el mismo Herschel había dejado escrita su oposición a continuar la tradición mitológica en una carta dirigida al naturalista británico Joseph Banks:

> En las fabulosas épocas de los tiempos antiguos, los nombres de Mercurio, Venus, Marte, Júpiter y Saturno dieron nombre a los planetas, porque eran los nombres de sus héroes y divinidades principales. En la era actual, más filosófica, no sería muy permisible recurrir al mismo método y llamar Juno, Palas, Apolo o Minerva al nuevo cuerpo celestial. La primera consideración de cualquier evento concreto, o incidencia notable, parece su cronología: si en cualquier tiempo futuro se preguntara ¿cuándo se descubrió este último planeta? Sería una respuesta bien satisfactoria decir: «Durante el reinado del rey Jorge III».

Cabe decir que, aunque el resto de nombres de los planetas utilizan las versiones romanas de los dioses, incluidos Neptuno y el degradado Plutón, Urano es la única excepción donde se utiliza el nombre griego. De haberse mantenido la fidelidad a la nomenclatura latina, el planeta debería llamarse

Caelo. Aunque quizá así se hubieran perdido muchas bromas: en inglés, el nombre *Uranus* se pronuncia como «tu ano» (*Your anus*), lo que provoca muchas risas tanto en clases de primaria como en entornos teóricamente más maduros. En la serie de animación *Futurama*, situada en el año 3000, había un chiste al respecto, donde se decía que en el año 2620 se cambió el nombre del planeta para evitar esto, y pasó a usarse una nomenclatura que en realidad poco parece solucionar: *Urectum* (*Your rectum*, «tu recto»).

UNA LUZ INVISIBLE

Descubrir un planeta es motivo suficiente como para pasar a la historia de la ciencia. Pero no podríamos decir que fuera un hallazgo casual: Herschel estaba observando el universo de manera activa, a la búsqueda de nuevos cuerpos celestes. Supo fijarse con suficiente atención como para acabar deduciendo que aquello era un planeta, conclusión que no habían acertado a encontrar astrónomos que anteriormente ya habían avistado Urano. En 1690, el astrónomo británico John Flamsteed, fundador del Observatorio Real de Greenwich, lo había detectado hasta en seis ocasiones, pero lo catalogó erróneamente como una estrella perteneciente a la constelación de Tauro y llamada temporalmente 34 Tauri.

Pero es que William Herschel hizo otro descubrimiento científico importante, uno que quizá ha determinado nuestras vidas todavía más que el del planeta Urano. Y este combinó la casualidad con la capacidad de saber fijarse en las cosas importantes.

Era el 11 de febrero del año 1800. Herschel, retirado como organista y dedicado ya al cien por cien a la ciencia, decidió realizar un experimento. En aquel entonces era ya conocido que la luz solar podía descomponerse en diversos colores. Herschel quería comprobar si, una vez hecha esta descomposición, había diferencias de temperatura entre los diferentes colores. Es obvio que la luz solar calienta, pero ¿lo hacían por igual todos los colores, una vez separados?

40

Para comprobarlo, el experimento en sí es muy sencillo y fácil de reproducir. Basta con dirigir un rayo de luz solar a un prisma de cristal. El prisma descompone la luz (el espectro visible), proyectando rayos de distintos colores, exactamente como un arco iris: rojo, naranja, amarillo, verde, azul, añil y violeta. Situando un termómetro en cada uno de los rayos podemos comparar como cada uno aumenta la temperatura con distinta intensidad. Herschel usó 3 termómetros, uno en la región del azul, otro en la región intermedia y el tercer termómetro aproximadamente en el rojo. El resultado fue que cada medida reflejaba en su termómetro una temperatura mayor que la siguiente, siendo la luz roja la más cálida y la violeta la más fría. Como en todo buen experimento, Herschel también dispuso de un cuarto termómetro fuera de la influencia del prisma, para poder tener una temperatura de control con la que comparar los resultados obtenidos. ¡Qué bueno es recordar la importancia de los controles en los experimentos! Y aquí es donde sucedió algo extraño: la temperatura más alta de todos los termómetros no era en realidad la que recibía la luz roja, sino la de un termómetro situado justo a continuación con la que seguramente pretendía establecer la temperatura ambiente para poder comparar, pero al que no llegaban los rayos proyectados desde el prisma... o eso es lo que parecería a simple vista. La casualidad quiso que hubiera un termómetro en el lugar preciso, aunque el sentido común no indicara ninguna necesidad de situarlo justo ahí. Pero Herschel tuvo la habilidad de llegar a la conclusión que hoy sabemos correcta: ¿y si realmente aquel termómetro estaba recibiendo una luz aún más cálida que la roja... pero que simplemente era invisible?

Para explicarlo tendremos que entender cómo funciona el espectro electromagnético, el conjunto de radiaciones que se propagan por el espacio en forma de ondas. Estas ondas, por como las representamos gráficamente, varían en frecuencia: el número de ciclos que presentan en un tiempo determinado. Aprovechando el perfil musical de William Herschel, podemos compararlo a la pulsación de cualquier composición: cuando acompañamos una canción siguiendo su ritmo con el pie, daremos más golpes por segundo dependiendo de si es más rápida o más lenta. Pues bien, la frecuencia de las ondas vendría a ser exactamente esto: una frecuencia de onda más baja tiene menos ciclos, así que se representará con ondas más grandes (de mayor longitud), como si fueran olas del mar o dunas del desierto. Una frecuencia de onda más alta tendrá más ciclos y, gráficamente, al ser de menos longitud, parecerán muchos picos, como los dientes de una sierra o de algún depredador temible. La frecuencia y la longitud de onda son, pues, magnitudes inversamente proporcionales.

De esta manera, podemos clasificar las distintas radiaciones del espectro electromagnético. Los rayos gamma tienen longitudes de onda muy cortas, de aproximadamente 10^{-12} metros o todavía menos. Las situamos a la derecha del espectro electromagnético y son perjudiciales para las personas: su longitud de onda es tan corta que puede atravesar nuestro cuerpo y provocarnos daños en el ADN. En cambio, si nos vamos hasta el extremo izquierdo del espectro electromagnético, las ondas de radio tienen una longitud mucho mayor, unos 10^3 metros sin representar en este caso ningún peligro para nuestra salud.

De entre todas las ondas del espectro electromagnético, la luz visible es solo la que se corresponde con las longitudes de ondas comprendidas aproximadamente entre los 380 y los 780 nanómetros. Es, por lo tanto, una parte muy pequeña del total. Los colores más fríos tienen una longitud de onda menor, empezando así por los 380 nanómetros de la luz violeta hasta llegar a los 780 nanómetros de la última luz roja visible. Y, justo a continuación, vendrían los rayos infrarrojos descubiertos por Herschel, ya fuera de nuestra capacidad de visión. Pero, atención, hay animales que sí pueden ver infrarrojos, como las serpientes, algunos murciélagos y algunos peces.

En un primer momento, Herschel llamó a su descubrimiento «rayos caloríficos», una nomenclatura muy lógica teniendo en cuenta que el calor fue la propiedad que le permitió demostrar su existencia. Pero su curiosidad científica no se quedó ahí, y también acabó confirmando que los rayos infrarrojos obedecían las mismas leyes de reflexión y refracción que la luz visible.

El experimento realizado por Herschel contribuyó significativamente a la comprensión de la naturaleza de la radiación y sentó las bases para el descubrimiento de diferentes tipos de radiación más allá del espectro visible. El factor suerte fue importante no solo por la casualidad de contabilizar la temperatura fuera de ese espectro visible, sino también por el tipo de prisma utilizado por Herschel. Y es que, si bien todos los prismas son transparentes a la luz solar, pues sino no la atravesarían los distintos colores, no todos lo son a la radiación infrarroja. El mismo experimento se podría haber hecho con un prisma que, por su constitución, bloqueara la luz infrarroja, con lo cual Herschel no habría podido intuir su existencia de ninguna manera. De hecho, lo más probable es que solo captara parte de la luz infrarroja original. Un vidrio cualquiera o hasta un plástico transparente suelen ser suficientes para bloquear los infrarrojos.

AL OTRO LADO DEL ESPECTRO

En 1801, un año después de que Herschel descubriera los rayos infrarrojos, el científico alemán de origen polaco Johann Ritter se encontraba haciendo un experimento. En concreto, estaba probando a qué velocidad reaccionaba el cloruro de plata según se exponía a los diferentes colores del espectro lumínico visible. Una prueba, pues, muy similar a la que había hecho Herschel. Ritter comprobó que el cloruro de plata reaccionaba muy poco en la parte correspondiente a la luz roja, pero que iba cambiando cada vez más conforme se iba acercando hacia la luz violeta, en el otro lado del espectro en que Herschel puso su termómetro control. Así pues, y con el precedente de Herschel, probó a situar el cloruro de plata más allá de la luz violeta. Y aunque allí no había ningún tipo de luz visible para el ojo humano, el cloruro de plata reaccionó más que nunca.

El cloruro de plata es una sal (halogenuro) que reacciona a la luz dando lugar, por un lado, a la plata y, por otro, al cloro en estado gaseoso. Cuanta más luz reciba, más oscuro será el tono resultante. Este tipo de reacción química es fundamental para la fotografía analógica, pues se basa precisamente en la reacción a la luz de los haluros de plata.

Gracias a este experimento, Ritter pudo demostrar que al otro lado del espectro también existía una luz invisible. Y si en un inició Herschel llamó a esa emisión «rayos calóricos», Ritter quiso enfatizar el aspecto químico de su descubrimiento y los bautizó como «rayos desoxidantes». Pero, como le pasara a Herschel, su propuesta tampoco hizo fortuna y esos rayos son los que hoy conocemos como ultravioleta, por estar situados más allá del color violeta en el espectro lumínico.

Los rayos ultravioletas tienen una menor longitud de onda que los infrarrojos. Esa característica, precisamente, los hace más dañinos para nosotros. De hecho, si vamos reduciendo la longitud de onda, cada vez encontraremos rayos más nocivos para nuestra salud, como los rayos X y los rayos gamma. Pero de estos ya hablaremos más adelante.

La luz solar emite tres rangos de radiación ultravioleta: UVA, UVB y UVC. Todos cancerígenos. Los rayos UVA, los más conocidos, son los que tienen la longitud de onda más grande, de entre 315 nm y 410 nm. Pero, a diferencia de los UVB y los UVC, nuestra atmósfera no retiene los rayos UVA, de aquí que supongan el 90 % de las radiaciones que llegan a la superficie terrestre. Sí, los rayos UVA son los que nos permiten broncear nuestra piel, pero también se asocian a un mayor envejecimiento celular y a diferentes tipos de cáncer. De los rayos UVB, la atmósfera terrestre retiene la mayor parte, así que a nosotros solo nos llega el 10 % de lo que emite el sol. Y los UVC quedan completamente bloqueados por la capa de ozono, que los absorbe.

Las radiaciones UVA y UVB que nos llegan son capaces de producir daños en nuestro ADN. Los UVA lo hacen de manera indirecta: lo que afectan directamente son los cromóforos, unas sustancias que, al absorber un fotón ultraviolado, generan especies reactivas del oxígeno que son las que dañan nuestro ADN. En cambio, cuando absorbemos la energía de la radiación UVB, sí que queda afectado nuestro ADN, causando que

44

nuestras células se autodestruyan en un proceso llamado apoptosis. ¿Cuándo sucede esto? Pues, por ejemplo, cuando nos quemamos la piel por el sol.

Pero lo más grave es que cuando nuestras células quedan afectadas por la radiación ultravioleta pueden convertirse en células cancerosas. Si consiguen escapar de la acción del sistema inmunitario, entonces es cuando se puede generar un tumor. Para evitar llegar a este extremo, nuestro cuerpo cuenta con los melanocitos, unas células que se encuentran en la piel y actúan de escudo entre el resto de células y la radiación ultravioleta. Al hacerlo, producen una sustancia coloreada llamada melanina, que es quien absorbe las radiaciones UVA y UVB en lugar de los cromóforos y, de paso, nos hace estar morenos. ¡Pero eso no es ninguna excusa para no utilizar protección solar! La capacidad de los melanocitos es limitada, de aquí la necesidad de ayudarlos con cremas fotoprotectoras. Su funcionamiento en realidad es similar al de los melanocitos, ya que están formadas por sustancias químicas que absorben la radiación ultravioleta, aunque también hay sustancias de tipo físico que actúan como microespejos y lo que hacen es reflejar la radiación solar.

Y aunque, inspirado por Herschel, Ritter descubriera una luz potencialmente dañina para nosotros, la ultravioleta también tiene funciones muy útiles. Por ejemplo, es un muy buen germicida: puede servir para inactivar bacterias, virus y otros microorganismos. En 1877, dos científicos británicos, Arthur Downs y Thomas P. Blunt, comprobaron cómo las bacterias de un experimento morían al exponerse a la luz solar. A partir de este hallazgo, muchos científicos empezaron a investigar qué tipo de luz era la más eficaz y en 1892 el también británico Marshall Ward demostró que la responsable de las acciones bactericidas era ni más ni menos que la luz ultravioleta.

En la actualidad, la luz ultravioleta es ampliamente utilizada en la industria alimentaria como germicida. En los entornos hospitalarios también es un buen desinfectante, ya que ni libera residuos ni precisa de ventilar posteriormente los espacios desinfectados. Aunque, probablemente, gracias al cine y la televisión su uso más popular sea el policial, para identificar rastros de huellas digitales y otras pruebas en las escenas del crimen.

Como suele suceder en la ciencia, a veces un hallazgo es decisivo por abrir múltiples posibilidades de investigación hasta entonces nunca imaginadas. Así, la casualidad del descubrimiento de William Herschel provocó una reacción en cadena que, en una de sus ramificaciones, permitió el descubrimiento de los rayos ultravioletas con todo lo que esto ha comportado luego. Pero volvamos a los infrarrojos.

EL LEGADO DE HERSCHEL

El oboísta de la banda de un regimiento de Hannover, el primer organista de la Capilla del Octágono en Bath, fue también el descubridor de los rayos infrarrojos, del planeta Urano, de dos de sus satélites (Titania y Oberón), de dos satélites de Saturno (Mimas y Encelado), de cientos de objetos estelares más y hasta fue quien determinó el periodo de rotación de Marte y el primero en deducir la estructura de nuestra Vía Láctea. En su honor, el telescopio reflector de 4,2 m de diámetro en el Observatorio del Roque de los Muchachos, en la isla de La Palma, lleva el nombre de telescopio William Herschel.

Pero seguramente que en nuestro día a día está mucho más presente su descubrimiento de los rayos infrarrojos. Y es que los infrarrojos tienen múltiples aplicaciones: cámaras que nos permiten ver en la oscuridad, lámparas para acelerar el secado de pinturas, radiadores para templar el vidrio... ¡Los infrarrojos hasta permiten funcionar a la mayoría de mandos a distancia que usamos para cambiar el canal de nuestro televisor!

El mando es en realidad un transmisor que envía pulsos de luz infrarroja al receptor situado en el televisor. Estos pulsos representan códigos binarios, los famosos 0 y 1, que se corresponden con cada una de las distintas órdenes disponibles, como subir el volumen o abrir el menú de configuración. Esta aplicación de los rayos infrarrojos es en realidad relativamente reciente.

Se adoptó a principios de la década de 1980: hasta entonces se utilizaban ultrasonidos.

Los infrarrojos también tienen aplicaciones médicas. Nuestro cuerpo, como el de cualquier animal, emite una radiación infrarroja indetectable a simple vista, pero que sí podemos percibir como calor que propaga nuestro organismo. Las cámaras termográficas captan estas variaciones de temperatura y las representan gráficamente, siendo una tecnología basada en la detección de los infrarrojos. Y en la medicina clínica tiene múltiples aplicaciones, desde la atención médica general hasta la detección más concreta de dolencias circulatorias y tumores.

Aunque la utilidad científica de los infrarrojos no se acaba aquí: también han sido primordiales para algo que tanto le fascinaba a Herschel como la exploración espacial. Las observaciones astronómicas actuales utilizan todo el espectro electromagnético posible, mucho más allá de la parte visible, y eso incluye también los infrarrojos. Son ejemplos los telescopios espaciales IRAS, ISO, Spitzer y, como no, uno llamado Herschel por razones obvias. También el telescopio espacial Hubble, todavía activo, dispone de una cámara Nicmos dedicada a escrutar el espacio infrarrojo.

Son, pues, nuevas posibilidades de continuar aumentando nuestro conocimiento del espacio exterior, una capacidad para detectar objetos celestes invisibles para nuestros ojos impensable en tiempos de Herschel. Nuevas estrellas hasta hace poco ocultas entre nubes de polvo son ahora fácilmente detectables gracias a la tecnología infrarroja.

CURIOSIDADES

Los infrarrojos y los ultravioletas fueron descubiertos, no inventados, pues existir han existido siempre. Lo que hicieron Herschel y Ritter fue ser los primeros en percatarse de esa existencia. Que hiciera falta llegar hasta los siglos XVIII y XIX para que la humanidad nos diéramos cuenta de algo que siempre

47

había estado ahí se debe, básicamente, al hecho de que ambos tipos de luz son invisibles. Pero esta afirmación solo es válida desde una perspectiva humanocéntrica. ¿Sabías que hay animales que sí pueden verlos?

Para empezar, debemos entender cómo funciona nuestro sentido de la vista. La luz entra en nuestros ojos a través de la córnea. Con su forma redondeada, esta dirige la luz hacia nues-

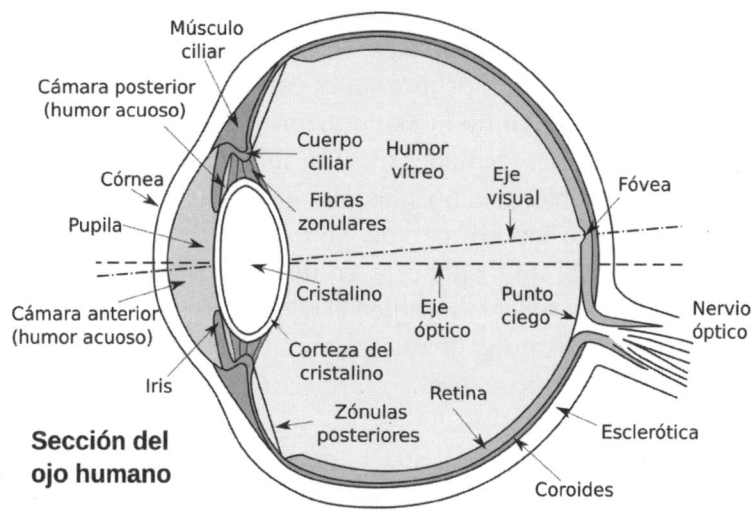

Esquema de ojo humano.

tra pupila, que se abre o cierra según la cantidad de luz. A su vez, la luz que entra por la pupila es enfocada a la retina por el cristalino. En la retina es donde se encuentran todas las células fotorreceptoras: conos y bastones. Ahora los que nos interesan son los conos, pues hay tres tipos según el color básico que captan: azul, rojo o verde. El sistema es el mismo que usaban los antiguos televisores, a partir de la combinación en distintas proporciones de estos tres colores se forman los millones de tonalidades que somos capaces de distinguir.

48

Aunque, para ser exactos, ni es que nuestro ojo cree colores como quien mezcla pinturas en una paleta ni tan siquiera es del todo correcto que todo a nuestro alrededor tenga color. En realidad, la clave está en el origen de todo el recorrido que acabamos de hacer en el interior de nuestro ojo: la luz.

La luz que se proyecta sobre cualquier objeto es absorbida por este en mayor o menor parte. La que no es absorbida, rebota. O, más científicamente, es reflejada. Según la frecuencia de onda que haya sido reflejada, los conos de nuestra retina identificarán uno u otro color. Esta será la imagen que veremos gracias a la traducción que hace nuestro nervio óptico de estos estímulos lumínicos.

Pero como solo tenemos tres tipos de conos (azules, rojos y verdes), aunque las combinaciones posibles sean millones, no están todas. Hay parte del espectro lumínico que son incapaces de captar y las primeras a cada lado del espectro son, precisamente, las luces ultravioleta e infrarroja.

¿Qué pasaría si tuviéramos algún otro tipo de cono que sí nos permitiera abarcar más parte del espectro lumínico? Bueno, pues esto es precisamente lo que pueden hacer algunos animales.

La mayoría de aves tienen en su sistema visual un cuarto tipo de cono que les permite discriminar también la luz ultravioleta. Combinada con los otros tres colores básicos, esto les permite ver combinaciones que nosotros somos incapaces de imaginar. Pero también una vista mucho más nítida y detallada, al poder, por ejemplo, discriminar mejor el follaje de un árbol por la diferente incidencia de la luz ultravioleta del sol en cada una de las hojas. De hecho, la Universidad de Princeton, en Estados Unidos, realizó en 2020 un curioso experimento con colibríes. Como a estas diminutas aves les chifla el néctar dulce de las plantas, les prepararon unos dispensadores gemelos. En uno había agua con azúcar; en el otro, agua sola. Cada día los cambiaban de lugar, pero con la misma luz LED cada uno. Una luz LED que nosotros, con nuestra vista humana, veíamos exactamente igual. Pero que los colibríes, gracias a sus conos de ultravioleta, sí eran perfectamente capaces de distinguir. Y vaya si lo hicieron: a la que aprendieron

49

el color del recipiente donde se encontraba el agua con azúcar, allí que iban cada día sin necesidad de pasar a comprobar el que tenía agua normal y corriente.

Lo más interesante de este experimento es que, además, también demostró que los colibríes podían distinguir entre cinco colores no-espectrales, mientras que nosotros solo vemos uno. Y es que, en realidad, el púrpura no aparece en el arcoíris (si crees que sí, el que estás pensando es el violeta, más azulado). Si hacemos todo el recorrido del espectro lumínico visible, no lo encontraremos. Si lo vemos es porque se activan simultáneamente nuestros conos azules y rojos, pero no los verdes. Y, si se mezcla azul y rojo, el color resultante es precisamente el púrpura.[2] Pues bien, los colibríes, además del púrpura, demostraron poder ver cuatro colores no espectrales más gracias a sus conos ultravioleta: ultravioleta + verde, ultravioleta + rojo, ultravioleta + amarillo, ultravioleta + púrpura. Nótese que el ultravioleta + azul no es posible porque, al ser colores contiguos en el espectro lumínico, sí que es un color espectral, como el naranja lo es en la frontera entre el rojo y el amarillo.

Otros animales que ven también en ultravioleta son muchos insectos, como las abejas, aunque en su caso no pueden ver el color rojo. Recientemente también se ha comprobado que diversos mamíferos pueden ver ultravioleta, aun sin tener conos específicos para ello. Una investigación de 2014 liderada por Ron H. Douglas, profesor de ciencia visual en la Universidad de Londres, analizó los cristalinos de 28 especies distintas de mamíferos. Así, comprobó que estos dejaban pasar la luz ultravioleta en distintos grados, más del 80 % en el caso de los ratones, alrededor del 60 % en gatos, perros[3] y hurones, prácti-

---

[2] De hecho, como veremos en otro capítulo más adelante, el púrpura ha sido un color muy especial para la humanidad desde mucho antes de descubrir el concepto de colores espectrales y no espectrales.

[3] Por cierto, es falso lo que a veces se dice de que los perros ven en blanco y negro: sus ojos solo disponen de dos tipos de conos, azules y amarillos, por lo que ven muchos menos colores que nosotros, pero no es exactamente una visión en blanco y negro, sino simplemente más apagada y con menos matices que la nuestra.

50

camente nada los primates diurnos. De esta manera, el estudio reveló precisamente una relación proporcional entre los hábitos nocturnos de las especies y la cantidad de ultravioleta que dejaba pasar su cristalino. Evolutivamente, nada es porque sí y, hasta sin conos especializados en ultravioleta, esa luz ultravioleta que llega hasta la retina tiene algún efecto en la visión resultante. Esto se ha comprobado, por ejemplo, en los renos, que con un 26,5 % de absorción de la luz ultravioleta son capaces de utilizarla para distinguir con más detalle los líquenes adheridos a los árboles.

Por lo que a la visión infrarroja se refiere, aunque es menos habitual que la ultravioleta, también hay algunas especies que disponen de ella, aunque en estos casos no se trata exactamente de una visión como la que hemos entendido hasta ahora. Donde es más frecuente encontrarla es en las serpientes, aunque para analizar cómo la procesan no debemos fijarnos en sus ojos, sino en una membrana delgada y flexible que se encuentra en una cámara hueca cerca de las fosas nasales. Esta visión infrarroja les permite captar el calor que emana de posibles presas y depredadores, hasta en la aparente oscuridad nocturna. Un recurso similar lo utiliza el murciélago vampiro común para encontrar alimento gracias al calor que emana de sus presas. Como sucede en las serpientes, estos murciélagos no ven la luz infrarroja a través de los ojos, sino que también disponen de un órgano especializado cerca de sus fosas nasales.

3

LA ANESTESIA (1844)

Querer operar sin dolor ha sido una ambición muy antigua, seguramente tanto como la primera intervención que se realizó. Según algunas referencias, usar adormidera o amapola real (*Papaver somniferum*) era una práctica habitual ya en los tiempos de Mesopotamia, milenios antes de nuestra era. Desde entonces, a lo largo de la historia se ha intentado amortiguar el dolor de las cirugías con plantas como el cannabis, la coca, el acónito o la mandrágora, junto con prácticas como la acupuntura o la compresión de la carótida para producir una breve inconsciencia. Pero eran meros parches, técnicas a años luz de lo que actualmente entendemos por anestesia.

Lo más habitual era suministrar al paciente alguna mezcla de las hierbas mencionadas o simplemente algún tipo de bebida alcohólica. Desde los tiempos antiguos, las personas han consumido alcohol para aliviar el dolor. Los estudios de laboratorio confirman que el alcohol, de hecho, reduce el dolor en seres humanos y animales. Aún más, investigaciones recientes sugieren que el 28 % de las personas que tiene dolor crónico recurre al alcohol para aliviar su sufrimiento. A pesar de esto, el consumo de alcohol para aliviar el dolor hace que las personas estén en riesgo de presentar una serie de consecuencias perjudiciales para su salud.

También, seguro que lo habéis visto en muchas películas de época, se ofrecía algún objeto para morder e intentar así soportar

53

el inevitable dolor. En algunos casos se ataba al paciente, aunque la intención no era evitarle el sufrimiento: asumiendo que este era inevitable, se trataba de inmovilizar al máximo la persona, para facilitar el trabajo del cirujano evitando los movimientos bruscos del paciente durante los momentos de más dolor. Es por este motivo que una de las principales cualidades de los cirujanos debía ser su rapidez. Una operación debía durar un máximo de quince minutos de principio a fin, pero cuanto menos durara, mejor.

Hace doscientos años, pues, una intervención quirúrgica suponía una auténtica tortura para el paciente. Como todavía se desconocía el papel de los microorganismos en las infecciones, el material quirúrgico podía no esterilizarse y los médicos se lavaban las manos después de la cirugía, pero no antes. A los pacientes más adinerados, con suerte, se les operaba en su propio hogar, pero, si no eras nadie especial, es muy posible que la intervención se llevara a cabo en una sala con espectadores (otros cirujanos, aprendices y estudiantes), donde fumar solía estar permitido. Eso sí, la entrada de las mujeres estaba prohibida, porque se las consideraba demasiado débiles para poder tolerar la visión del proceso... En resumen, además del gran dolor que suponía una operación, el riesgo de hemorragia o de infección posoperatoria era altísimo, de manera que una cirugía representaba, para muchos, una sentencia de muerte.

Por este motivo, las operaciones se reservaban solamente para casos en los que la única alternativa era la muerte. Y, aun así, cuando hablamos de operaciones, en esos tiempos nos referimos únicamente a zonas superficiales y amputaciones de miembros (¡que se realizaban con el paciente despierto!). Los órganos de nuestro interior eran, a efectos prácticos, inoperables.

Con este contexto, no es de ningún modo arriesgado afirmar que la invención de la anestesia fue una de las mayores revoluciones de la historia de la medicina. Pero su llegada fue tan casual como polémica su autoría.

54

OLD OPERATING THEATRE—1837

Antigua sala de operaciones con área
específica para los observadores.

55

Un espectáculo de circo

Podría ser la manera de definir todo lo que envuelve el hallazgo de la anestesia y la batalla por su invención. Pero un espectáculo de circo es el lugar donde nació, por una carambola, la idea de la anestesia moderna.

Hartford, capital del estado de Connecticut. Martes, 10 de diciembre de 1844. A las siete en punto de la tarde empezó en el Union Hall de esta industriosa ciudad un curioso espectáculo. «Una gran exhibición de los efectos de inhalar óxido nitroso, el gas de la risa», anunciaban los periódicos locales. Su impulsor era Gardner Quincy Colton (1814-1898), un exestudiante de medicina que había abandonado la facultad al comprobar que le resultaban más lucrativos este tipo de espectáculos.

El número principal de Colton consistía en permitir que algunos voluntarios del público inhalaran el óxido nitroso. Las consecuencias eran personas estallando en carcajadas y comportándose de las maneras más variopintas.

Aunque no probó el gas, entre el público se encontraba el dentista Horace Wells (1815-1848), acompañado por su esposa Elizabeth. Lo que más le sorprendió del espectáculo era ver cómo los voluntarios, tambaleándose cual borrachos, se golpeaban fuertemente las espinillas con los bancos del público sin dejar de reír a carcajadas. Incluso un conocido de Wells, Samuel Cooley, llegó a acabar con la pierna sangrando, seguramente al rozarse con algún clavo que sobresalía de los bancos. Cooley le aseguró que no había sentido ningún dolor hasta que se le pasaron los efectos del óxido nitroso.

Wells hacía años que buscaba algún método para reducir el dolor de sus pacientes, sobre todo de aquellos a los que debía extraer alguna muela. La casualidad quiso que ese día decidiera acudir a tan curioso evento y que su amigo Cooley resultara herido sin mostrar ningún tipo de dolor. La combinación provocó que los engranajes de Wells empezaran a girar y, decidido, se dirigiese a Colton para hacerle una propuesta.

Al día siguiente, miércoles 11 de diciembre de 1844, tuvo lugar un experimento en la consulta de Wells. El mismo dentista estaba sentado en la silla de operaciones y se hizo extraer una muela del juicio que le atormentaba por parte de su colega y antiguo alumno John Mankey Riggs (1811-1885), también dentista. Colton asistió a la extracción llevando consigo una bolsa de óxido nitroso que Wells inhaló previamente a la intervención. Samuel Cooley también se encontraba entre los testigos de la prueba.

El resultado fue un éxito, exactamente el que Wells quería: la muela le fue extirpada sin ningún dolor por su parte. Había encontrado, por fin, su tan ansiada solución al sufrimiento de sus pacientes. Tanto él como Riggs realizaron algunas pruebas más con otros pacientes, confirmando la efectividad del gas de la risa como supresor del dolor. Su funcionamiento era tan satisfactorio que Wells consideraba que debía compartirlo, no solo con la comunidad odontológica, sino con toda la medicina, pues creía que podía utilizarse para más tipos de cirugía. Con este objetivo, en enero de 1845 se dirigió a la facultad de medicina de Harvard.

En Harvard, Wells presentó su hallazgo al eminente profesor de cirugía John Collins Warren (1778-1856). Se hizo acompañar por William Thomas Green Morton (1819-1868). Morton también era dentista, aunque con un currículo académico peculiar. Nacido en Charlton, Massachusetts, estudió cirugía dental en Baltimore, pero abandonó esos estudios para aprender de Wells en Hartford. Durante un breve tiempo, Wells y Morton tuvieron una consulta conjunta en Boston. En 1843, Morton se casó y sus suegros lo animaron a estudiar Medicina, por lo cual se matriculó en Harvard. Aunque también dejó la carrera a medias, todavía era estudiante cuando Wells acudió a presentar a Warren sus experimentos con el óxido nitroso. Dada su amistad, Wells recurrió a él como aliado para convencer a la comunidad universitaria de las bondades de su hallazgo.

Después de una presentación teórica a algunos estudiantes, Wells convocó una demostración práctica en el Hospital General de Massachusetts. Aunque la premisa era una sencilla extracción dental bajo la influencia del óxido nitroso como Wells ya había practicado tantas otras veces, fue un rotundo fracaso. Seguramente afectado por los nervios, Wells retiró la bolsa de gas demasiado pronto; además, el paciente era obeso y alcohólico, por lo que la cantidad pudo no ser la indicada. Su paciente

57

ASC

En 1846, Horace Wells organizó una demostración pública de administración de un anestésico con gas hilarante, pero el paciente se quejaba de dolor.

protestó al sentir dolor y el público, entre el que se encontraba el profesor Warren, tomó a Wells por un mero charlatán.

De esta manera, Wells quedó desacreditado y el posible interés que pudiera haber despertado su idea desapareció por completo. Para él, sería el principio del fin.

MORTON RECOGE EL RELEVO

Wells era conocido por ser un dentista afable y empático con sus pacientes. De hecho, en su búsqueda de una solución para acabar con el dolor de sus pacientes, rechazó la sugerencia que recibió diversas veces de patentar su sistema de inhalación de óxido nitroso. Wells consideraba que la eliminación del dolor debía llegar a todo el mundo con la máxima facilidad posible. Le interesaba el resultado y nunca buscó enriquecerse con él.

58

Morton era diferente. Descartado el óxido nitroso después de la prueba fallida de Wells, en su etapa en la Facultad de Medicina, Morton se familiarizó con las propiedades anestésicas del éter gracias a las clases de química de Charles Thomas Jackson (1805-1880). Jackson, por cierto, había desaconsejado a Wells y Morton la utilización del óxido nitroso cuando el primero acudió a Harvard a presentar los resultados de su hallazgo, considerándolo demasiado peligroso. De hecho, respirar óxido nitroso puede tener consecuencias como irritación de los ojos, la nariz y la garganta, causando tos o falta de aire. Además, la exposición puede causar sensación de desvanecimiento, mareo y somnolencia. A altos niveles puede causar desmayo y, a niveles muy altos, hasta la muerte.

Morton pensó en seguir la idea de Wells sustituyendo el gas de la risa por éter sulfúrico (al que hoy llamamos más comúnmente éter etílico). Sin comunicarlo a Wells en ningún momento, hizo sus propias pruebas, primero con animales y luego con humanos. Así, comprobó que también podía realizar extracciones dentales indoloras gracias al éter. En consecuencia, a las diez de la mañana del 16 de octubre de 1846, más de dos años y medio después de la demostración fallida de Wells, Morton hizo una convocatoria aún más ambiciosa para probar su método basado en el éter. El escenario, de nuevo, fue el Hospital General de Massachusetts.

En este caso se trataba de una intervención quirúrgica consistente en la extracción de un tumor en el cuello a Gilbert Abbot, un joven librero de veinte años. Abbot inhaló el éter de una esfera de vidrio diseñada por el mismo Morton. Cuando perdió la consciencia, Morton procedió a extirpar rápidamente el tumor. Al contrario de lo sucedido con Wells, el público, entre el que de nuevo se encontraba el profesor Warren, quedó entusiasmado con lo que desde el primer momento se calificó de revolución en la medicina. La fecha del 16 de octubre de 1846 quedaría grabada para la posteridad, borrando los intentos de Wells.

Pero, también al contrario que Wells, Morton sí que pretendía hacerse rico con su método. En realidad, él escondía estar utilizando éter. Intentó disfrazar el gas añadiendo

59

aromatizantes y colorantes y explicando que se trataba de una sustancia de su invención, llamada *letheon* (del griego *lethe*, olvido). De esta manera, Morton pretendía patentar el gas a su nombre. Pero el engaño fue destapado rápidamente, menos de un mes después de su demostración, pues no logró acabar de camuflar el olor del éter. Además, el profesor Jackson, que es quien le había enseñado las propiedades anestésicas del éter, llegó a llevarlo a juicio por la autoría del invento. Jackson era un habitual de este tipo de demandas, atribuyéndose frecuentemente la primicia de inventos exitosos, como por ejemplo el telégrafo. Uno no puede evitar preguntarse por qué, si Jackson aseguraba tener siempre tan buenas ideas, nunca las aplicaba.

Cuidado, porque el éter tampoco está exento de peligros: por su inflamabilidad y porque es irritante para algunos pacientes, además puede causar somnolencia, excitación, mareo, vómitos, respiración irregular y aumento de la salivación. La alta exposición puede causar pérdida del conocimiento e incluso la muerte.

MÁS DIFÍCIL TODAVÍA

El éxito de Morton se difundió rápidamente y cada vez más cirujanos se animaron a probar con el éter, logrando lo que antes parecía imposible, como realizar amputaciones indoloras. ¿Deberíamos señalar a Morton como inventor de la anestesia moderna? ¿O el mérito se lo merece más bien Wells por tener antes la idea, aunque su demostración fuera un fracaso?

Pues, como sucede con los espectáculos de circo, prepárense para el más difícil todavía, porque todavía nos falta presentar a dos aspirantes más.

El primero es Crawford Long (1815-1878). Nacido en Danielsville, Georgia, Long era un médico rural y farmacéutico muy leído. Tras comprobar similitudes entre los efectos del óxido nitroso y el éter etílico, el 30 de marzo de 1842, casi dos años antes de la demostración fallida de Wells, realizó con éxito una operación muy similar a la de Morton en 1846: extirpó un tumor del cuello del paciente James M. Venable habiéndolo anestesiado con éter. En realidad, el éter ya era conocido por personajes como Paracelso en el siglo XVI, pero, aunque él mismo ya observó sus propiedades somníferas, todavía tuvieron que pasar tres siglos hasta su uso como anestésico.

Viendo la eficacia del método, Long utilizó este sistema en posteriores operaciones (incluyendo un segundo tumor de Venable), así como en amputaciones y partos. Pero todas estas prácticas no fueron conocidas hasta que las publicó en *The Southern Medical and Surgical Journal* en 1848, cuando para la opinión pública el título de pionero de la anestesia ya pertenecía a Morton.

Pero todavía pueden complicarse más las cosas. Y esta vez debemos dejar atrás Estados Unidos y volar hasta Japón. El 13 de octubre de 1804, el cirujano Hanaoka Seishû (1760-1835) aplicó con éxito anestesia general en la mastectomía parcial de una paciente de sesenta años llamada Kan Aiya.

El doctor Seishû pertenecía a una familia de tradición médica. El contacto con los neerlandeses, de los pocos extranjeros que tenían relación con los entonces sumamente aislados japoneses, le permitió desarrollar técnicas que combinaban la medicina occidental moderna con la medicina oriental tradicional.

El gran objetivo del doctor Seishû durante toda su vida fue emular la fórmula del *mafeisan*, una mezcla de vino con hierbas que, según antiguos escritos chinos, había utilizado un cirujano del siglo II llamado Hua Tuo, logrando realizar importantes operaciones gracias a este anestésico.

Seishû experimentó durante toda su vida distintas combinaciones de plantas, principalmente en animales, aunque también en su mujer, que perdió la vista a consecuencia de tanto mejunje. La llegada de Kan Aiya a su consulta coincidió con la obtención de la fórmula correcta, basada en el estramonio. Aiya era la última superviviente de una familia llena de antecedentes de cáncer de mama. No solo no quedó ciega, sino que Seishû logró extirpar la masa de su pecho sin que sintiera ningún tipo de dolor. Sería la primera de decenas de operaciones de este tipo que llevaría a cabo el cirujano japonés.

La proeza tuvo una gran repercusión, tanto en textos escritos como en ilustraciones. Seishû logró una gran fama y bautizó su anestésico como *tsûsensan*. Pero ni la repercusión ni la fama salieron del archipiélago japonés: la política aislacionista del país

61

nipón no terminaría hasta medio siglo después. De nuevo, en ese momento el mundo ya conocía las posibilidades de la anestesia gracias a la demostración de Morton.

Entonces, con tantos actores implicados, ¿a quién debemos señalar como el inventor de la anestesia? Por fechas, no hay duda de que la primera intervención quirúrgica con anestesia general debidamente documentada es la de Hanaoka Seishû en 1804, por lo que, sin poder saber qué había de cierto en las historias semilegendarias de Mesopotamia y la antigua China, el mérito debería ser para el doctor japonés. Sin embargo, la historia es así de injusta, y tampoco hay duda de que el descubrimiento que tuvo más trascendencia y posibilitó la popularización del uso de la anestesia alrededor del mundo fue el que hizo Wells inspirado casualmente por el espectáculo circense de Colton. Aunque fuera la versión de Morton la que se llevó la fama, esta no hubiera existido sin el primer intento de Wells. Y aunque Long ya hubiera hecho antes lo mismo que Morton, este no pensó en compartir su hallazgo hasta que la anestesia ya era *vox populi*. Obviamente, puede discutirse a quién de todos estos pioneros dar más o menos mérito, pero los hechos históricos son los que son. También el amargo final que tuvieron sus principales protagonistas.

Recompensas tardías

La verdad es que las cosas no acabaron muy bien ni para Morton ni para Wells, aunque el peor parado fue sin duda Wells. El ridículo experimentado por su demostración en el Hospital General de Massachusetts afectó severamente al dentista, una depresión que se agravó tras el éxito de Morton, quien gracias al éter había logrado la gloria y el reconocimiento que a Wells le hubiera gustado conseguir. El denostado dentista intentó reivindicar su papel a través de una carta a distintas sociedades médicas, pero la comunidad científica ignoró sus explicaciones.

Wells acabó dejando a su esposa y a su hijo en Hartford, experimentando solo en Nueva York con diferentes sustancias, incluyendo un cloroformo al que se volvió adicto. El 21 de enero de 1848, el día que cumplía treinta y tres años, fue detenido por lanzar ácido sulfúrico sobre dos prostitutas, claramente alterado por los efectos del cloroformo. Tres días después, terminaría quitándose la vida en la misma cárcel, al cortarse la arteria femoral con una hoja de afeitar. Irónicamente, lo hizo sin sentir dolor, gracias al cloroformo.

Por su parte, la vida de Morton después de probar la eficiencia del éter como anestésico tampoco fue un camino de rosas. Disfrutaba de la fama que nunca logró Wells, sí, pero nunca logró el dinero que esperaba obtener. La lucha infructuosa por conseguir patentar su propuesta no solo contribuyó a arruinarle, sino que estropeó el reconocimiento que acababa de obtener. Para la comunidad médica, tanta insistencia por patentar la anestesia era un acto egoísta que buscaba restringir lo que era un gran avance para la humanidad. Morton se defendía argumentando que la patente sería una garantía de que la anestesia se practicara de manera digna, sin convencer a nadie. Murió de un ictus en 1868, a los cuarenta y ocho años.

Ni el uno ni el otro, pues, lograron lo que más ansiaban y abandonaron este mundo sintiéndose maltratados. Pero es innegable que pusieron en marcha unos engranajes imparables: el avance de la anestesia fue tan rápido como exitoso, suponiendo un progreso clave en la historia de la medicina que permitió a la cirugía avanzar como nunca, por no hablar de la mejora indiscutible en la calidad de vida de todos los pacientes. Con el tiempo, sus aportaciones fueron valoradas e incluso Wells recibió reconocimientos póstumos destacados, como un título honorario de medicina por parte de la Sociedad Médica de París. Además, el óxido nitroso no quedó olvidado y, combinándolo en distintas dosis con oxígeno, actualmente se utiliza como analgésico tanto en intervenciones odontológicas como en los partos.

Wells y Morton nunca pudieron disfrutar de las recompensas que esperaban por su aportación histórica a la ciencia, pero su contribución es ahora conocida e indiscutible. Y toda la humanidad nos hemos beneficiado de ello: ahora una operación ya no es una sentencia de muerte, sino más bien una esperanza de vida.

EL ARTE DE LA ANESTESIA

Evidentemente, somos humanos, la aparición de la anestesia moderna despertó algún escepticismo, con hasta algún opositor que la calificaba de práctica satánica. Por suerte, eran una minoría. Las ventajas de la anestesia eran tan evidentes que su implantación fue rápida y mundial.

Con la eliminación del dolor, el siguiente reto era acertar con las dosis correctas. El éter y el cloroformo podían crear adicción y una administración excesiva podría llegar a provocar la muerte del paciente. La anestesia requería de estudio y acabaría convirtiéndose en una especialidad médica por sí misma antes inexistente: la anestesiología.

Actualmente, los anestesistas son unos especialistas fundamentales para la cirugía. Su papel va más allá de simplemente administrar unos fármacos al paciente antes de la operación. Son los encargados tanto de monitorearlos con dispositivos específicos durante la intervención como de reanimarlos. La introducción de los relajantes musculares obligó a la necesidad de asistencia respiratoria artificial durante el proceso quirúrgico, ya que priva al paciente de la respiración espontánea, convirtiéndose en una responsabilidad más del anestesista.

Así, podemos definir la anestesiología como la práctica de la medicina que principalmente se ocupa de (1) el manejo de procedimientos para hacer que un paciente sea insensible al dolor y al estrés emocional durante procedimientos quirúrgicos, obstétricos y otras intervenciones médicas; (2) el soporte de las funciones vitales bajo el estrés de las manipulaciones anestésicas y quirúrgicas; (3) el manejo clínico del paciente inconsciente, cualquiera que sea la causa; (4) el manejo de problemas en el alivio del dolor; (5) el manejo de problemas en reanimación cardíaca y respiratoria; (6) la aplicación de métodos específicos de terapia respiratoria, y (7) el tratamiento clínico de diversas alteraciones de líquidos, electrolitos y metabólicos. Todas estas atribuciones obligan al anestesiólogo a disponer de conocimientos sobre fisiología, bioquímica, farmacología y medicina clínica.

Gracias a esta especialización, la anestesia ha logrado universalizarse aún más, beneficiando también a pacientes de riesgo, como pueden ser las personas de edad avanzada o con problemas anteriores de salud. Aunque todavía quedan muchos avances por hacer la anestesia todavía más fácil y segura, es innegable que su desarrollo ha sido tan veloz como decisivo para mejorar la esperanza de vida de la humanidad, permitiendo reparar en quirófano dolencias que hace tan solo dos siglos eran incurables. Y pensar que todo empezó como un espectáculo un martes de diciembre...

CURIOSIDADES

En los ciento setenta años que han transcurrido desde ese espectáculo circense hasta la actualidad, la anestesia moderna ha evolucionado notablemente. A pesar de emplearse a diario millones de veces, ¡su mecanismo de acción continúa siendo un misterio! Sobre todo, lo que más ignoramos es cómo actúa en uno de los órganos más fascinantes pero también más desconocidos: nuestro cerebro.

Una de las posibles explicaciones recibió el nombre de teoría lipídica. Se basaba en una correlación entre la potencia de los anestésicos y su solubilidad en aceite, por lo que los fármacos se disolvían en la membrana de las células nerviosas, formadas por una doble capa de lípidos. Allí alternaban su funcionamiento global, lo que daba lugar a los efectos de la anestesia general.

Si os lo cuento en pasado, es porque hoy en día parece que esta teoría no acaba de ser la correcta, ya que los datos disponibles apuntan a un efecto directo sobre la estructura de las proteínas específicas inmersas en la membrana celular. Estos cambios estructurales de las proteínas debidos a la unión de los anestésicos pueden ser muy pequeños, pero suficientes para perturbar su función. La idea de que los anestésicos funcionan uniéndose específicamente a determinadas proteínas en lugar de hacerlo de forma más difusa con los lípidos es la que más ha venido consolidándose en los últimos años

Aun así, que se descarte una teoría no significa que se haya identificado el mecanismo de acción exacto. Se ha visto que los anestésicos inhalados actúan sobre más de treinta receptores distintos y presentan una sensibilidad diferente en distintas regiones cerebrales... así que, una vez más, su sistema de funcionamiento sigue siendo un misterio.

Descifrar los mecanismos exactos de la anestesia permitiría desarrollar mejores anestésicos que, por ejemplo, produjeran menos efectos secundarios, como las náuseas y los vómitos posoperatorios que con frecuencia alargan las estancias hospitalarias.

Como sucede en tantos otros campos científicos, en anestesiología todavía queda un largo recorrido de investigaciones y avances que, con toda seguridad, mantendrá despiertos por mucho tiempo a quienes trabajan para dormirnos.

4

LOS COLORANTES SINTÉTICOS (1856)

La canción de John Lennon *Beautiful boy (Darling boy)*, dedicada a su hijo Sean, citaba una frase del periodista estadounidense Alan Saunders que desde entonces suele atribuirse al ex-Beatle: «La vida es eso que te sucede mientras estás ocupado haciendo planes». Es una buena definición de lo que le pasó, un siglo antes, a William Henry Perkin.

Nacido el 12 de marzo de 1838 en Shadwell, al este de Londres, William Henry Perkin era el más pequeño de los siete hijos de un carpintero. La vocación científica se le despertó de muy joven: aunque el deseo de su padre era que se convirtiese en arquitecto, con catorce años era alumno de una Escuela de Londres donde el profesor Thomas Hall intuyó su don para la química, animándolo a ingresar en el recientemente fundado Royal College of Chemistry, ahora parte del Imperial College de Londres. Esta institución estaba dirigida por un prestigioso químico alemán, el doctor August Wilhelm von Hofmann. Alumno de otro ilustre químico alemán, Justus von Liebig, Von Hofmann fue uno de los primeros científicos en estudiar la síntesis orgánica.

Así, con diecisiete años, Perkin se convirtió en asistente de investigación de Von Hofmann. Los dos juntos hacían un buen tándem. Por un lado, se dice que Von Hofmann era una persona brillante a la hora de idear nuevos métodos y conceptos, pero que era más bien torpe a la hora de llevar a la práctica

67

todos esos procesos en el laboratorio. En cambio, Perkin era especialmente hábil precisamente en ejecutar los experimentos.

En ese momento inicial de su carrera científica y pese a su juventud, Perkin ya tenía claro cuál era su objetivo en la vida. Y no le faltaba ambición: su sueño era encontrar la cura para la malaria. Pero, como cantaba Lennon, mientras estás ocupado haciendo planes, te sucede una cosa llamada vida.

LA LUCHA CONTRA LA MALARIA

En el siglo XIX, la malaria era un problema médico de ámbito planetario. La enfermedad se originó hace miles de años en África ecuatorial, probablemente pasando a nuestra especie desde los primates. A causa de la gran movilidad de nuestros antepasados, se extendió rápidamente: desde el Valle del Nilo desembocó en el Mediterráneo y, desde allí, se propagó primero hacia Asia (de hecho, es en China donde encontramos la primera referencia documental a la enfermedad, en el 2700 a. C.) y luego hasta el norte de Europa. A América llegó probablemente por medio de los conquistadores españoles.

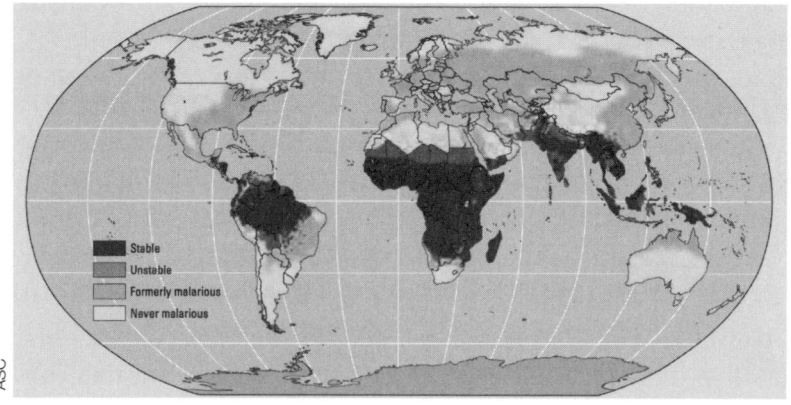

Mapa mundial de la prevalencia pasada y actual del paludismo.

68

No obstante, recientemente un estudio con participación de investigadores del Consejo Superior de Investigaciones Científicas (CSIC) ha señalado que la variante más mortífera de la malaria, la provocada por el patógeno *Plasmodium falciparum*, habría llegado a Europa desde la India, seguramente hacia el siglo IV a. C. Los resultados de esta investigación están publicados en la revista *Microbial Genomics* y con esta propuesta de propagación de este a oeste contradicen la creencia anterior de una expansión de la enfermedad del sur al norte.

En cualquier caso, a mediados del siglo XIX la causa de la malaria era todavía un misterio. Lo que sí se conocía es que la molécula quinina era un alcaloide efectivo para el tratamiento de la malaria. Se utilizaba desde hacía casi doscientos años, pero su obtención era cara y complicada, pues solo se podía conseguir del árbol de la quina (*Cinchona officinalis*), de ahí su nombre. Esta especie es originaria de América del Sur y se encuentra en la lluviosa selva occidental del Amazonas y en la parte más oriental de la cordillera de los Andes.

Es por este motivo que el gran objetivo de Von Hofmann y Perkin era sintetizar la quinina en el laboratorio, para conseguir así una manera más fácil y barata de obtener este alcaloide.

Aunque aún no se conocía la estructura de la quinina (bastante compleja), sino solo su fórmula molecular, Hofmann y Perkin pensaron ingenuamente que se podía sintetizar por oxidación de anilina.

CUANDO EL GATO DUERME...

No sé cómo afectará en vuestros lugares de trabajo la ausencia del jefe, pero el caso es que, durante las vacaciones de Pascua de 1856, Hofmann estaba de viaje y Perkin se quedó solo. Y aunque no iba al laboratorio donde trabajaban ambos, en realidad siguió haciendo experimentos en el laboratorio de su propia casa. En concreto, Perkin intentó oxidar la anilina, una sustancia procedente del alquitrán de hulla. El objetivo era conseguir que ese mejunje negro y apestoso proporcionara quinina al hacerlo

69

reaccionar con dicromato de potasio. Pero el resultado fue un precipitado muy oscuro que nada tenía que ver con la quinina. Además, para acabar de empeorarlo, era imposible de limpiar: por mucho que se esmerara, todos los instrumentos que habían entrado en contacto con esa especie de residuo quedaban permanentemente sucios, adoptando un tono violáceo.

Es muy probable que, llegados a este punto, muchos científicos aceptaran el fracaso del experimento, se vieran obligados a desechar el instrumental contaminado y siguieran adelante investigando otros métodos para sintetizar la quinina. Pero Perkin supo hacer de esa casualidad virtud y aprovechar resultados negativos de una investigación. ¿Qué aplicación podría tener esa sustancia que lo teñía todo de púrpura?

EL COLOR PÚRPURA

Cuando las sociedades humanas primitivas avanzaron suficientemente como para que se produjera la división del trabajo, enseguida aparecieron las clases sociales. Las clases altas siempre han sentido una necesidad constante de demostrar al resto de la humanidad su poder y estatus. Así, por ejemplo, durante gran parte de la historia tener una tez blanquecina era una muestra de alta posición social: las clases trabajadoras eran de piel más morena, pues se veían obligadas a trabajar bajo la luz del sol. Como en la piel más clara se podía ver más fácilmente las líneas azuladas de las venas sanguíneas, de aquí nació la expresión «de sangre azul». Aunque, cuando la revolución industrial encerró a los trabajadores en fábricas, el paradigma cambió y fue precisamente tomar el sol y estar al aire libre lo que demostraba el privilegio de las clases altas, por eso la piel bronceada pasó a estar bien considerada.

Pero, curiosidades del lenguaje, antes de que se popularizara la expresión «de sangre azul», había otro color que servía para referirse metafóricamente a la cúspide de la pirámide social. Los miembros de las familias reales y de la alta aristocracia eran «nacidos en el púrpura». Y es que ese color no espectral

70

del que ya hemos hablado en las curiosidades de dos capítulos atrás era un sinónimo de lujo. Al ser muy difícil de obtener, tal como manda la ley de la oferta y la demanda, era muy caro, de manera que es fácil de entender que estaba reservado solo para los bolsillos más pudientes. Así, por ejemplo, en el siglo VI a. C., el rey persa Ciro II el Grande instituyó el color púrpura como uniforme real. Más adelante, en la antigua Roma, hasta estaba prohibido usar ese color en el vestuario de quienes no pertenecieran a una familia de noble cuna. Leyes similares establecían el mismo criterio en la Inglaterra isabelina del siglo XVI.

Debemos tener en cuenta que, en todas estas épocas, los tintes eran solamente de origen natural, fuera este mineral, vegetal o animal. El púrpura más popular era el que procedía de Tiro, antigua Fenicia y actual Líbano. De hecho, el mismo nombre de los fenicios proviene del griego *phoínike*, que significa púrpura. Y, aunque los fenicios se llamaban a sí mismos *kinanu*, en su idioma también significa púrpura.

Este famoso púrpura de los fenicios se obtenía a partir de la glándula hipobranquial de una especie de caracol marino llamada *Bolinus brandaris*. La sustancia púrpura tiene una función antimicrobiana que le sirve al caracol para proteger sus huevos y también para sedar a sus presas. Para obtener un solo gramo hacen falta 10 000 caracoles. Y con ese gramo no será suficiente ni para teñir una sola pieza de vestir. Eso convertía el tinte púrpura en un bien de lujo equiparable al más exquisito caviar iraní de la actualidad. Para hacernos una idea de su valor, en *El banquete de los eruditos*, el escritor del siglo III a. C. Ateneo de Náucratis tasa el valor del tinte al mismo precio que el de la plata. Seiscientos años después, un edicto de los tiempos del emperador Diocleciano marca 150 000 denarios como el precio para medio kilo de lana teñida con este púrpura. Al cambio actual, se calcula que serían unos 300 000 euros.

Y, con todo este trasfondo histórico, en 1856 llega William Perkin y descubre, por pura casualidad, otra manera de obtener un tinte púrpura que, además, se convierte en el primer tinte sintético de la historia. Su capacidad para adivinar el valor de

71

William Henry Perkin en su laboratorio. Perkin, en el centro, examina el teñido de prueba de un tafetán de seda con colorante de anilina malva. En primer plano, sobre la mesa, hay un pequeño frasco de cristales de bronce, que producen tinte malva cuando se disuelven en agua muy caliente.

esa carambola y no desdeñar el hallazgo cambió para siempre la exclusividad de la que había disfrutado tan peculiar color.

LOS BILLETES PÚRPURA

Sin duda, el descubrimiento de un colorante estaba muy lejos del objetivo de curar la malaria. No es de extrañar que Hofmann no mostrara un gran interés por ello, pero Perkin, desoyendo las recomendaciones de su mentor, optó por comercializar el hallazgo con el apoyo financiero paterno.

Así, en 1856, a los dieciocho años Perkin había descubierto la llamada púrpura de anilina, anilina morada, mauveína, malveína o, en su honor, malva de Perkin.

Junto a su padre y a sus hermanos fundó una fábrica para producir colorantes, el color morado se puso de moda y gracias a ello Perkin obtuvo grandes beneficios económicos. Al año siguiente ya había abierto su propia fábrica, Perkins & Sons, para producirla en las afueras de Londres. Y con veintiún años era millonario y uno de los químicos más famosos del mundo.

Aunque en cierta medida la revolución que supuso este primer colorante sintético sirvió para democratizar un púrpura hasta entonces reservado solo para la más alta alcurnia, también se puso tan de moda que hasta la reina Victoria se vistió con él en la Exposición Universal de Londres de 1862. Por su parte, Perkin continuó investigando nuevos tintes sintéticos y hasta diversificando su negocio gracias a nuevos descubrimientos que seguía haciendo en el laboratorio. De esta manera, entró también en el mundo de la perfumería gracias al descubrimiento de la cumarina, un compuesto químico orgánico perteneciente a la familia de las benzopironas con aroma a vainilla que precisamente obtuvo gracias a un proceso químico que lleva su nombre, la reacción de Perkin, usando aldehído salicílico y anhídrido acético, e impulsando el nacimiento de la perfumería moderna. Es verdad que la cumarina como aromatizante y saborizante está actualmente prohibida en España y muchos otros países del mundo, pero el motivo de la prohibición son precisamente las propiedades que la hacen útil en el campo de la farmacología para fabricar anticoagulantes, medicamentos que previenen y tratan los coágulos de sangre en los vasos sanguíneos y para tratar ciertas afecciones cardíacas.

Perkins & Sons supuso tanta riqueza para Perkin que, cuando en la década de 1870 las cosas empezaron a complicarse, el todavía joven químico pudo permitirse una decisión radical. La industria química alemana empezaba a coger músculo y suponer una amenaza, con marcas como Bayer y BASF que todavía nos suenan más de siglo y medio después. Así que, con todavía treinta y seis años, Perkin decidió vender la empresa y retirarse. Aunque no a descansar precisamente, sino a dedicarse únicamente a la investigación química.

Quizá gracias a este compromiso con la investigación y por mucho que en su momento eligiera el camino lucrativo de los tintes, Perkin recibió a lo largo de su vida numerosos reconocimientos por parte de las sociedades científicas de la época. La Royal Society británica le concedió la Medalla Real en 1879 y la Medalla Davy en 1889. La Sociedad Química Alemana lo nombró Miembro Extranjero Honorario en 1884 y en 1906 le otorgó la Medalla Hofmann (¡llamada así en honor al mentor de Perkin!). También en 1906, la Sociedad Química de Francia lo galardonó con la Medalla Lavoisier y en su país fue nombrado Caballero de la Orden Británica, recibiendo así el título de sir. Hasta la Sociedad de la Industria Química de Estados Unidos decidió crear justo ese mismo año una Medalla Perkin, que en la primera edición entregó al susodicho. Pero en este caso no hablamos de ninguna casualidad: en 1906 se cumplía medio siglo del gran hito que había significado el descubrimiento del malva de Perkin.

Perkin falleció en Sudbury, al noroeste de Londres, al año siguiente, el 14 de julio de 1907, por problemas derivados de una apendicitis. Tenía sesenta y nueve años y dejó cuatro hijas y tres hijos. Los tres varones siguieron sus pasos en el mundo de la química, siendo el más conocido el mayor, William Henry Perkin Jr. La fortuna que les dejó a todos ellos equivaldría, al cambio actual, a más de 13 millones de euros.

¿Y LA MALARIA QUÉ?

La vida de William Henry Perkin fue precisamente lo que le sucedió mientras estaba haciendo planes. Aquel joven químico que pretendía ayudar a acabar con la malaria dejó una huella imborrable en el mundo de la química, pero nunca llegó a cumplir el que había sido su plan de vida inicial. Quizá le disculpe que sintetizar la quinina era un objetivo sumamente ambicioso, teniendo en cuenta que tardó casi un siglo en conseguirse. Fue en 1944, gracias a los esfuerzos combinados de Robert Burns Woodward y William von Eggers Doering.

En un primer momento fue una gran noticia, no solo porque hacía muchos años que se perseguía la manera de obtener quinina en el laboratorio, sino porque, en plena Segunda Guerra Mundial, buena parte de la procedencia natural de la quinina se encontraba en territorio del océano Índico controlado por los japoneses. Pero como no todo en la vida puede ser de color rosa (ni púrpura), por mucho que la síntesis de la quinina fuera posible, no era aplicable a una escala industrial que la hiciera realmente un proceso práctico.

Actualmente, es posible curar la malaria con cierta facilidad siempre que se actúe con rapidez. Además, es importante distinguir las diferentes formas en las que puede presentarse la enfermedad.

Una malaria leve producida por parásitos no *falciparum* se trata habitualmente con cloroquina por vía oral, pudiendo utilizarse también como alternativas la quinina o lapirimetamina-sulfadiazina. En cambio, en las zonas donde los plasmodios son resistentes a la cloroquina puede emplearse además la mefloquina.

La malaria más severa, normalmente producida por *Plasmodium falciparum* y, con mucha frecuencia, resistente a la cloroquina, se trata con quinina por vía intravenosa, aunque en los últimos años se utilizan nuevos fármacos como artemisina, mefloquina o halofantrina.

CURIOSIDADES

Desde nuestra visión eurocéntrica del mundo, el predecesor natural del malva de Perkins es el valioso púrpura de los antiguos fenicios. Pero durante miles de años, al otro lado del océano Atlántico, en las costas mexicanas del Pacífico, otra cultura también vestía con orgullo un afamado color púrpura. Eran los mixtecas, que obtenían este color de una manera similar a la de los fenicios, aunque con algunas diferencias.

El origen era el mismo, un molusco. Así como los fenicios usaban la cañadilla (*Bolinus brandaris*), sus homólogos pre-mexicanos recurrían al caracol púrpura (*Plicopurpura pansa*). Pero el curioso método para obtener el tinte era mucho más beneficioso para el animal, ya que no hacía falta matarlo ni extirparle ninguna glándula. Este molusco se encuentra adherido a

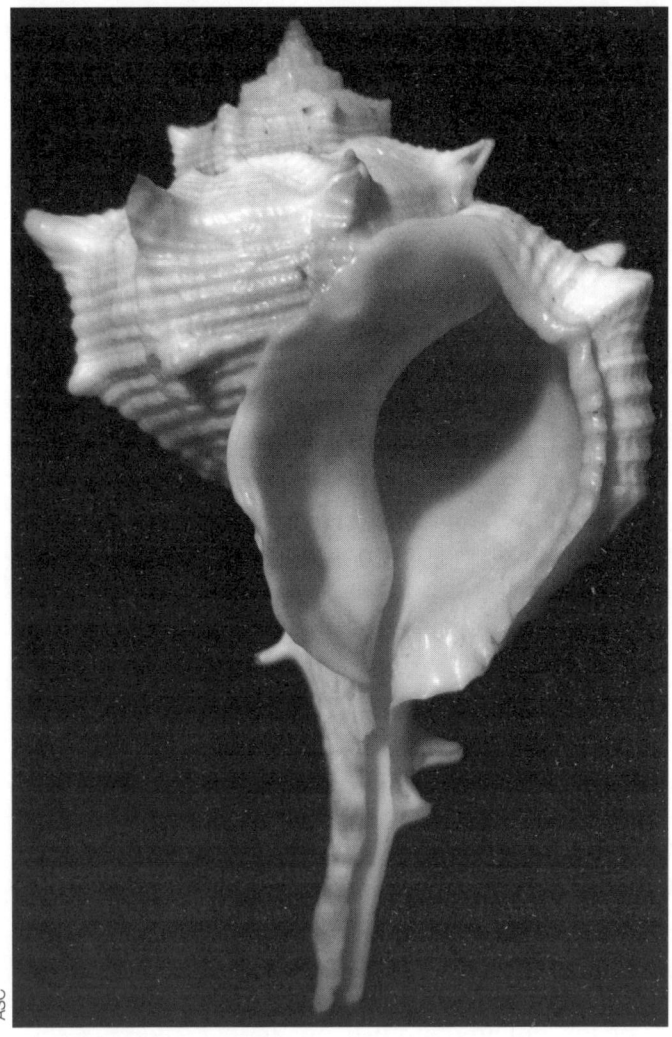

ASC

Ejemplar de Bolinus brandaris

76

las rocas húmedas por la proximidad del mar. Basta con arrancarlo de la superficie donde se encuentre para que el caracol segregue un veneno para defenderse de la amenaza. El recolector agarra el caracol con un instrumento alargado para seguidamente dejar que la mucosidad impregne directamente el algodón que se teñirá. Curiosamente, el líquido que libera el caracol es blanquecino y al impregnar el algodón se vuelve de un tono verdoso, por acción del oxígeno. Es después, al dejar la tela secarse varias horas al sol, que acabará adoptando el tono púrpura definitivo. Los recolectores procuran volver a dejar el caracol en un sitio adecuado para que siga viviendo: seguramente este método tan respetuoso es el que ha permitido que, miles de años después, todavía hoy se siga practicando del mismo modo.

De hecho, el Gobierno mexicano protege el caracol púrpura por ley desde el año 2010. El púrpura es uno de los colores más simbólicos del país norteamericano y para los mixtecos significaba fertilidad, fuerza, poder y muerte. Una simbología que, a pesar de la subjetividad y la distancia, se asemeja a la de la tradición europea, donde el púrpura caracterizaba desde los documentos más valiosos de los emperadores romanos y bizantinos (los llamados *Codex Purpureus*) a las vestiduras litúrgicas de las misas por los difuntos.

Sin embargo, hoy en día, el púrpura (o morado, violeta, malva, lila…) ha recibido otro significado, bien distinto. Se trata del color que simboliza la lucha por la igualdad del feminismo y desde hace unos años cada 8 de marzo las calles de medio mundo se tiñen de este color en las marchas para conmemorar el Día Internacional de las Mujeres. El motivo por el cual se ha adoptado este color y no otro tiene distintas versiones. Las dos principales son históricas y tienen su origen a principios del siglo XX. Por un lado, era frecuente que trágicos incendios en industrias textiles produjeran humaredas púrpura por el uso de tintes como el inventado por Perkin y algunos de estos incendios, con mayoría de víctimas mortales femeninas bajo unas condiciones laborales deleznables, fueron la raíz de las reivindicaciones feministas, como el de la Triangle Shirtwaist de Nueva York en 1911. La otra versión atribuye el color morado a las sufragistas que a inicios del siglo pasado reclamaban el derecho a voto de las mujeres. En realidad, las sufragistas se identificaban con una bandera tricolor, con tres bandas horizontales. De abajo a arriba: el verde como símbolo de la esperanza por un futuro mejor, el blanco por la honradez y, finalmente, el morado, recogiendo la tradición de este color como propio de la realeza, pretendía empoderar a las sufragistas representando que, si luchaban por sus derechos, es que tenían el equivalente a sangre real. Según esta teoría, finalmente el morado se habría acabado imponiendo por la sencillez de utilizar uno de los tres colores en lugar de toda la bandera. Pero, como esto ya no es ciencia, ¡en este caso no tenemos ninguna manera experimental de demostrar o refutar estas hipótesis en el laboratorio!

5

LA ESTRUCTURA DEL BENCENO (1865)

La química orgánica es una de las principales ramas de la química. Se especializa en el estudio de los compuestos orgánicos, que son todas aquellas moléculas en las que, mayoritariamente, encontramos carbono formando enlaces covalentes. Un enlace covalente es la unión estable entre dos átomos que comparten uno o más electrones, lo que en la química orgánica será, principalmente, o bien carbono con hidrógeno, o bien carbono consigo mismo. A causa de este enorme protagonismo del carbono como elemento clave de los compuestos orgánicos, esta área de la química también es conocida como química del carbono.

Nuestra siguiente historia está protagonizada por un hidrocarburo, los compuestos orgánicos formados únicamente por átomos de carbono e hidrógeno. Se trata de la molécula del benceno.

LA DIFERENCIA ENTRE EL QUÉ Y EL CÓMO

El benceno fue descubierto en 1825 por Michael Faraday (1791-1867). Este científico inglés, entonces director del laboratorio de la Royal Society de Londres, había recibido el encargo de intentar solucionar un problema recurrente que sufría la propagadora de gas para el alumbrado público de la capital británica.

79

El gas utilizado generaba una especie de residuo líquido que se acumulaba en las válvulas e impedía el óptimo funcionamiento de los sistemas de alumbrado. En la compañía de gas trabajaba un hermano mayor de Faraday, llamado Robert, a quien el director de la empresa le pidió si podía encargar a Michael, que ya empezaba a tener fama como científico, investigar dicha sustancia. Este aceptó y su hermano Robert le proporcionó muestras con las que empezar a trabajar.

Estructura del benceno.

En aquel entonces, el gas principalmente se producía a partir de echar el aceite proveniente de la grasa de ballena en superficies muy calientes, provocando así la emanación del gas que era posteriormente comprimido y almacenado. Pero, con el frío, el gas tendía a condensarse en la forma de un líquido transparente. Tras diversos experimentos con esa sustancia, Faraday aisló lo que hoy conocemos como benceno, aunque en un primer momento él lo bautizó como «bicarburet de hidrógeno», tal como todavía puede leerse hoy en el vial y la botella originales de Faraday, expuestos en el museo de Londres que lleva su nombre.

Pero descubrir el benceno (que es un hidrocarburo natural, no un invento de Faraday) y saber qué era no significa exactamente lo mismo que saber cómo era. Y es que, aunque se identificó que estaba formado por seis átomos de carbono y seis átomos de hidrógeno (por tanto, su fórmula química es C_6H_6), la manera cómo quedaba estructurada la molécula era un auténtico misterio para todos los químicos.

Uno de los muchos científicos que intentó descifrar este enigma fue Friedrich August Kekulé. Nacido el 7 de septiembre de 1829 en Darmstadt, ciudad situada unos cuarenta minutos al sur de Fráncfort, está considerado uno de los pioneros de la química orgánica.

En un inicio, la química no había de ser el destino natural de Kekulé. Perteneciente a una familia de funcionarios públicos de clase media-alta, demostró desde el principio una gran facilidad para los estudios, tanto para las ciencias como para el arte y los idiomas. Pero su intención era la de convertirse en arquitecto, motivo por el cual se matriculó en la Universidad de Giessen (en este caso, a unos cincuenta minutos al norte de Fráncfort). Pero una vez allí se topó con Justus von Liebig (1803-1873), uno de los fundadores de la química orgánica que ejercía como profesor en el centro. En palabras del propio Kekulé, las enseñanzas de Von Liebig lo «sedujeron» hacia el estudio de la química, hasta el punto de que en 1852 obtuvo el doctorado en esta disciplina.

Los estudios posdoctorales llevaron a Kekulé a diversas ciudades europeas. En París entró en contacto con el químico Charles Frédéric Gerhardt (1816-1856), autor de la teoría del «tipo» de composición orgánica que influiría los trabajos posteriores de Kekulé, así como con el también químico Charles-Adolphe Wurtz (1817-1884). En Londres, Kekulé coincidió con Alexander William Williamson (1824-1904), quien en 1850 había demostrado la formación de los éteres a partir de la interacción entre el ácido sulfúrico y el alcohol (eterificación), proceso conocido como síntesis del éter de Williamson. Este hecho permitió empezar a comprender la valencia atómica, es decir,

81

el número de electrones que faltan o debe ceder un elemento químico para completar su último nivel de energía y que, en consecuencia, son clave durante las reacciones y enlaces químicos con otros elementos.

Este periodo itinerante de Kekulé duró cerca de cuatro años, ya que en 1856 consiguió por fin una plaza de profesor. Fue en la Universidad de Heidelberg. Dos años después se trasladó a la

Retrato de Friedrich August Kekulé.

Universidad de Gante, en Bélgica, y en 1867 volvería a Alemania para ser profesor titular y presidente del Departamento de Química en la Universidad de Bonn. Además del gran dominio del francés y el inglés que le brindaron sus viajes, es recordado por tener una memoria muy detallista y una gran imaginación, dos facultades que fueron determinantes para sus aportaciones a la química orgánica.

La primera gran contribución de Kekulé a la ciencia se esboza ya en dos artículos publicados en los años 1857 y 1858, aunque luego queda más detallada en la primera entrega de su *Lehrbuch der Organischen Chemie* (Libro de texto de química orgánica, de 1859). Se trata de la teoría estructural de la composición orgánica. Según formuló Kekulé, los átomos de carbono tetravalentes (con cuatro enlaces) pueden unirse para formar una «cadena» o «esqueleto» de carbono que permite así la unión de átomos con otras valencias: hidrógeno, oxígeno, nitrógeno e incluso cloro. A partir de esta teoría, estaba convencido de que era posible establecer la estructura molecular exacta de, como mínimo, los compuestos orgánicos más simples conocidos en aquel momento. Esta idea tuvo gran acogida entre la comunidad científica de la época y fue más popular que, por ejemplo, la teoría similar que había planteado casi simultáneamente el químico escocés Archibald Scott Couper (1831-1892). Ambos propusieron la tetravalencia del átomo de carbono, es decir, la capacidad de este elemento para enlazarse simultáneamente con cuatro elementos más, haciendo que el carbono tenga una variedad enorme de posibilidades de enlace. Además, uniéndose con otros átomos de carbono, la tetravalencia permite llegar a establecer largas y complejas cadenas. Couper también determinó que estas uniones entre átomos de carbono siguen ciertas regularidades y que puede determinarse el orden de enlace de los átomos de una molécula. Muy a su pesar, mientras que su artículo se publicó en junio de 1858, el de Kekulé había visto la luz justo el anterior mes de mayo. Y el que llega primero es el que pasa a la historia…

La otra gran contribución de Kekulé fue precisamente establecer la estructura molecular del benceno, desentrañar cómo era ese compuesto que había descubierto Faraday cuarenta años antes. Pero alcanzar ese descubrimiento llegó gracias a una casualidad con la que todavía no habíamos topado, ya que nos obliga a adentrarnos en el mundo de los sueños.

¿LOS SUEÑOS, SUEÑOS SON?

A principios del siglo XIX, la incipiente química orgánica dividía sus compuestos en dos grandes categorías: alifáticos y aromáticos. Estos últimos recibían su nombre por razones obvias, ya que es donde quedaban clasificados compuestos como el benzaldehído y el tolueno, reconocibles por sus fragancias características. Más adelante se comprobaría que, más allá del olor, tienen en común la manera de estructurar sus átomos, y hasta se incluirían en la categoría sustancias sin olor alguno.

Gracias a que Kekulé estableciera la estructura del benceno se pudo determinar luego la estructura de la mayoría de compuestos aromáticos, categoría a la cual pertenece el benceno. Pero no fue un camino fácil ni corto.

Aunque hay versiones ligeramente distintas de la historia, según contó el propio Kekulé, la inspiración le llegó sin querer un día cuando no conseguía progresar en su trabajo. Con los átomos de su cuaderno todavía saltando ante sus ojos, giró su silla del escritorio hacia la chimenea y se adormeció. En ese estado a medio camino entre el sueño y la vigilia, su inconsciente hizo tomar diversas formas a las cadenas de átomos, que parecían serpientes. La imagen clave fue una de esas serpientes que se mordía la cola, formando un círculo. Aunque pueda parecernos una figura un tanto extraña, la verdad es que se trata de un símbolo recurrente en la mitología nórdica: el uróboros, representación del ciclo eterno del todo. Así que es posible que fuera una imagen familiar para un alemán como Kekulé.

El caso es que el químico despertó con esa figura de la serpiente mordiendo su propia cola y asemejó esa idea a la composición molecular del benceno que le ocupaba: ¿y si resultaba que los átomos, en lugar de acoplarse como una cadena, se unían del mismo modo que la serpiente, formando una suerte de anillo? Esta fue la estructura que Kekulé propuso en un artículo publicado en 1865.

Nadie hasta entonces había planteado ese tipo de estructura cíclica y la verdad es que la propuesta de Kekulé fue muy cuestionada por sus contemporáneos. Aunque, eso sí, ninguno fue capaz de plantear una teoría alternativa. La estructura de anillo hexagonal del benceno (porque recordemos que se trata de un compuesto con seis pares de átomos, C_6H_6) planteada por Kekulé permitió que la industria química alemana del último tercio del siglo XIX experimentara una expansión realmente espectacular.

Así pues, la propuesta de estructura de Kekulé, donde cada átomo de carbono está unido a un átomo de hidrógeno y a otro de carbono alternando entre enlaces simples y dobles, fue una propuesta revolucionaria, pero meramente teórica. La demostración práctica de que, efectivamente, Kekulé tenía razón, se hizo esperar hasta 1929, más de treinta años después de la muerte del químico alemán.

Quien corroboró empíricamente la estructura anular y hexagonal del benceno, y además añadió que se trataba de un anillo plano, fue la cristalógrafa británica Kathleen Lonsdale (1903-1971), usando la difracción de rayos X. En realidad lo consiguió gracias a una molécula más compleja pero de mayor estabilidad, el hexametilbenceno, ya que el benceno a temperatura ambiente se encuentra en estado líquido, lo cual complica el proceso.

UN RECONOCIMIENTO AÚN VIGENTE

Antes incluso de que Lonsdale lo demostrara de manera experimental, Kekulé consiguió en vida un gran reconocimiento por su teoría de la estructura del benceno. En 1890, coincidiendo con el 25 aniversario de la publicación de su artículo, se celebró un gran acto público en su honor. Fue precisamente ese día cuando Kekulé contó en su discurso la historia del sueño y la serpiente que se mordía la cola. De hecho, también contó que su primera gran aportación científica, la teoría estructural de la química orgánica, le había llegado de manera similar, medio adormecido mientras circulaba en el piso superior de un ómnibus de caballos en Londres. Hay quien duda de la veracidad de estas historias y, al contrario de lo que sucedió con la propia estructura del benceno, en este caso nunca podremos demostrar de ninguna forma si fue o no fue así, pero tampoco parece una historia que le otorgue ningún mérito a Kekulé como para que necesitara inventarla.

Finalmente, Kekulé murió el 13 de julio de 1896 en Bonn, un año después de que el káiser Guillermo II de Alemania lo ennobleciera añadiéndole el apellido Von Stradonitz, en referencia a las raíces familiares que tenía por parte paterna en la ciudad bohemia de Stradonice. Kekulé nunca consiguió ningún Premio Nobel por el simple hecho de que estos se establecieron cinco años después de su muerte y solo premian científicos vivos, pero tres de los cinco primeros nobel de química fueron alumnos suyos. Todavía hoy, delante del antiguo Instituto de Química de la Universidad de Bonn, se puede admirar la estatua de bronce que le erigieron en 1903, pero no hay rastro de ninguna serpiente en ella.

Aunque puede que el benceno sea poco habitual en el vocabulario cotidiano, la realidad es que en la actualidad se trata de uno de los compuestos más producidos por la industria química de todo el mundo. El motivo es su gran número de aplicaciones, útil para la fabricación de sustancias como medicamentos, lubricantes, detergentes, tintes y pesticidas, pero también de materiales como gomas, plásticos, resinas y hasta fibras sintéticas como el kevlar utilizado para los chalecos antibalas. Así que, de alguna manera, cuando salvan a alguien de un disparo, en parte es gracias a ese sueño que tuvo un químico alemán.

CURIOSIDADES

¿Sabías que hay moléculas orgánicas que lucen como pequeñas personas?

86

No las encontramos en la naturaleza, sino que se diseñaron y se sintetizaron en la Universidad de Rice (Houston, Texas) en 2003, como parte de una formación química para alumnos jóvenes. Toman distintas formas y cada una tiene su nombre, como NanoAtletas, NanoPeregrino, NanoBoinaVerde o NanoBailarines. Estos compuestos consiguen variar su forma a través de diversas técnicas de síntesis orgánica, consiguiendo un ejemplo perfecto de unión entre arte, química y divulgación que puede verse en un artículo de 2003 publicado por dos investigadores de la Universidad Rice de Houston, Stephanie H. Chanteau y James M. Tour, en *The Journal of Organic Chemistry*.

Las formas humanoides constan de dos anillos bencénicos conectados por una serie de átomos de carbono, formando así el cuerpo humanoide, mientras que cuatro unidades de acetileno con grupos alquilo en sus extremos son reconocibles como manos y piernas. Por su parte, la cabeza está simbolizada por un anillo 1,3-dioxolano. Además, estas moléculas tienen la capacidad de interactuar con superficies de oro, lo cual se consigue gracias a la adición de grupos funcionales tiol en las «piernas», lo que les permite «apoyarse» en esas superficies.

En conjunto, estas moléculas fueron bautizadas como NanoPutienses. Como seguramente habrás adivinado, el nombre está buscado a partir de un juego de palabras: NanoPutiense combina «nano», en referencia a la escala nanométrica de estas moléculas, y «liliputiense», la raza ficticia de seres humanos diminutos de la popular novela de Jonathan Swift, *Los viajes de Gulliver*. ¡Búscalas! Seguro que te sorprenderán.

6

LA SACARINA (1879)

Hay quien dice que las casualidades no existen. Sin embargo, los científicos nos dedicamos más bien a buscar causalidades: el porqué de las cosas. Pero, como estamos viendo con todas estas historias, a veces los científicos también encontramos cosas que no son lo que estábamos buscando. Ahora bien, en ninguno de los hallazgos casuales que hemos tratado hasta este punto nos habíamos topado todavía con un descubrimiento nacido gracias a una negligencia. Lo que empezó de manera nada higiénica termina de una manera bien dulce, ver para creer...

FAHLBERG Y REMSEN, REMSEN Y FAHLBERG

Constantin Fahlberg era un químico ruso que haría carrera en Estados Unidos, obteniendo finalmente esta nacionalidad. Nacido el 22 de diciembre de 1850 en Tambov, una ciudad 480 km al sudeste de Moscú, Fahlberg se doctoró en Química por la Universidad de Leipzig en 1873. Durante su formación por tierras alemanas, estudió también en la Academia Comercial de Berlín con Carl Bernhard Wilhelm Scheibler, toda una eminencia de la química del azúcar. La tesis doctoral del propio Fahlberg era sobre el ácido hidroxiacético, un compuesto orgánico presente en productos dulces como la caña de azúcar, la remolacha, la piña americana y algunos tipos de melón y de uva.

No es de extrañar, pues, que en 1874, finalizada su etapa académica, Fahlberg abriera en Nueva York un laboratorio especializado en el azúcar. Lo vendió al cabo de poco tiempo, pero por buenas razones: fue contratado por la Sociedad Colonial Inglesa para analizar las plantaciones de caña de azúcar en las Indias Orientales y la Guayana Británica. En 1877 volvió a Estados Unidos y empezó a trabajar para una empresa importadora de azúcar de Baltimore, H. W. Perot.

Perot se veía inmersa en un litigio con el gobierno de Estados Unidos. Les había sido embargada una importante cantidad de azúcar por una presunta impureza del producto y requerían los servicios de Fahlberg para poder rebatir esta acusación. Al no disponer de las instalaciones necesarias para realizar los análisis, pidieron utilizar el que era el mejor laboratorio de la ciudad. Y no era otro que el de Ira Remsen.

Ira Remsen nació en Nueva York el 10 de febrero de 1846. Se doctoró en Medicina por la Universidad de Columbia a los veintiún años, aunque entonces decidió dedicarse a la química. Con este objetivo, viajó a Alemania para estudiar con Justus von Liebig, considerado uno de los padres de la química orgánica. Pero, cuando Remsen llegó a Alemania, descubrió que Von Liebig acababa de retirarse de la docencia, así que en realidad su camino le llevó a doctorarse en Química en 1870 por la Universidad de Gotinga bajo la tutela de Rudolf Fittig, un químico alemán especializado en el alquitrán de hulla. Antes de volver a Estados Unidos, Remsen aún trabajaría como asistente de Fittig durante dos años en la Universidad de Tubinga.

De nuevo en Nueva York, Remsen quiso llevar a su patria los métodos pedagógicos de la química alemana. Aunque en un primer momento obtuvo una respuesta más bien fría, en 1876 consiguió la plaza de profesor de química en la recién fundada Universidad Johns Hopkins de Baltimore. Gracias a Remsen, acabaría convirtiéndose en la principal escuela de química del país. En enero de 1878, Fahlberg acudió a su laboratorio para realizar su encargo de la H. W. Perot.

90

ASC

Fahlberg y Remsen, Remsen y Fahlberg. El orden de los nombres quizá no altera el producto, pero sí que comportaría problemas más adelante.

Normas básicas de laboratorio

A finales de marzo de 1878, Fahlberg ya había finalizado todos sus análisis para la H. W. Perot, pero debía esperar su turno para declarar en los juzgados. Así que se ofreció a Remsen para ayudarlo con sus investigaciones, que por aquel entonces se centraban en el alquitrán de hulla. El mismo elemento en el que tanto había trabajado el mentor del estadounidense y del que ya hemos visto que Perkin obtuvo el primer colorante sintético de la historia.

Fahlberg se enfrascó en los experimentos de Remsen, utilizando tanto los métodos de este como los suyos propios. Pasaba largas horas en el laboratorio, llegando a saltarse las comidas. Es el caso del día que da origen a este capítulo: inmerso en distintas pruebas químicas con derivados del alquitrán de hulla, de golpe Fahlberg se dio cuenta de que estaba hambriento. Era muy tarde y se le había olvidado por completo la cena. Así que fue a por un poco de pan, que se llevó a la boca sin dudar. Para su sorpresa, el pan era dulce. Pensó que debía tratarse de algún tipo de bizcocho, pero como el sabor le había cogido desprevenido, se enjuagó la boca con agua. Al secarse con un pañuelo, volvió a notar el sabor dulce, todavía más intenso que en el pan. A continuación, bebió agua y, de nuevo, notó un gusto tan dulce que le pareció estar tomando algún tipo de jarabe. ¿Qué estaba ocurriendo? Por casualidad había bebido del mismo lugar de la copa que antes había tocado con los dedos, así que se lamió el pulgar y, efectivamente, comprobó que de ahí provenía ese intenso sabor dulzón. Por lo tanto, pensó Fahlberg, alguno de los productos que había obtenido en el laboratorio a partir del alquitrán de hulla, debía tener unas propiedades endulzantes superiores a las del azúcar.

Pongamos pausa un momento. Esta casualidad, curiosa y hasta divertida, daría origen a un edulcorante hoy tan conocido en todo el mundo como es la sacarina. Pero es, también, una clara vulneración de las normas básicas de cualquier laboratorio. Fahlberg debería haberse lavado las manos y, si lo pensamos bien, tuvo la gran suerte de que estas estuvieran casualmente contaminadas por un producto dulce y no por uno tóxico, incluso mortal. Él mismo asegura que no se lavó las manos apresurado por el hambre que sentía en ese momento, pero, si nos ponemos estrictos, no solo estaba saltándose una norma muy básica de laboratorio (y, tengamos en cuenta que, además, hoy en día sería obligatorio el uso de guantes), sino una cosa mucho más elemental como es lavarse las manos antes de comer. ¡Higiene básica, por favor! Pero esperad, si os queréis llevar las manos a la cabeza, aún falta lo mejor.

Fahlberg corrió de nuevo al laboratorio y, ¿sabéis qué hizo? Probar todas y cada una de las sustancias con las que había estado trabajando. Una vez más, la suerte quiso que ninguna de ellas fuera corrosiva o venenosa. Al contrario, entre esos recipientes se encontraba una solución impura de sacarina. Está claro que el tema de la prevención de riesgos laborales no era su fuerte, pero sí la visión comercial: desde el primer segundo, Fahlberg tuvo claro que si era capaz de producir a gran escala esa sustancia, podría obtener un gran rendimiento económico.

Durante los siguientes meses, Fahlberg y Remsen se dedicaron a analizar la composición, características, reacciones y métodos de síntesis de aquella nueva sustancia: 3-oxo-2,3-dihidrobenzo-(d)isotiazol-1,1-dióxido o sacarina para los amigos. El nombre proviene del latín *saccharum*, que significa azúcar.

Al año siguiente, 1879, los dos químicos publicaron su hallazgo en *Berichte* con el artículo «Sobre la oxidación de la ortotoluenosulfamida». Aunque en ese momento todavía llamaban a la sustancia sulfimida benzoica, ya reconocían sus propiedades edulcorantes. En ese primer artículo, donde explicaban dos procesos para sintetizar la sacarina, Fahlberg aparecía como primer autor y Remsen como segundo. El orden se invertiría poco después en otro artículo publicado en el *American Chemical Journal*, una revista fundada por el mismo Remsen y donde pretendían dar a conocer la existencia de la nueva sustancia a la comunidad académica. No obstante, esta no recibió el hallazgo con los brazos abiertos: muchos se lo tomaron a broma, incluso llegando a acusar a Remsen y Fahlberg de habérselo inventado todo y considerando que no tendría ninguna aplicación práctica.

93

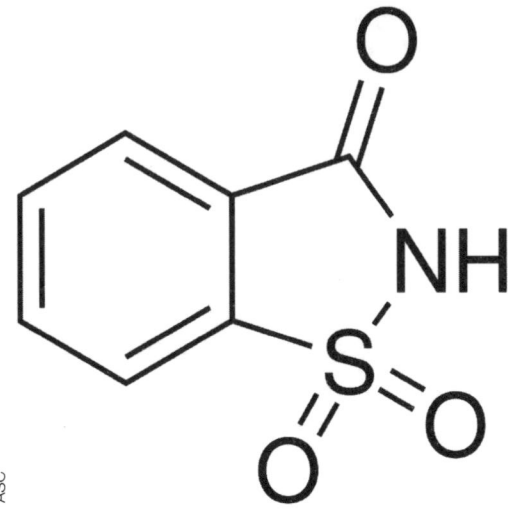

ASC

Estructura de la sacarina.

DE UN LITIGIO A OTRO

Sin embargo, Fahlberg tenía entre ceja y ceja el gran potencial comercial que veía en la sacarina. De buen principio, y por su cuenta, ya presentó las propiedades de la sacarina a miembros de la compañía H. W. Perot, para quien trabajaba, aunque de esas primeras conversaciones no se produciría ningún tipo de acuerdo. Finalizado el litigio sobre la pureza del azúcar de Perot, Fahlberg pasó a trabajar para otra empresa química, la Harrison Bros. Company. Pero el químico ruso continuó haciendo pruebas con la sacarina por su cuenta, utilizándola junto a la glucosa para obtener un sabor lo más parecido posible al azúcar de caña.

La primera persona que coincidió con Fahlberg en ver las posibilidades comerciales de la sacarina fue un tío de este, Adolph List, empresario de la ciudad alemana de Leipzig. Un encuentro entre ambos el verano de 1882 acabó de activar la maquinaria necesaria para producir sacarina a gran escala. En el otoño del mismo año, Fahlberg hizo las pruebas necesarias para demostrar la no-toxicidad del producto (administrando hasta diez gramos diarios a perros sin notar ningún efecto nocivo en estos, que excretaban la sustancia prácticamente por completo), y luego volvió a encontrarse con List en Leipzig para formalizar las patentes alemana y estadounidense.

Al volver de Europa, Fahlberg renunció a su trabajo en la Harrison Bros. Company para montar en la calle 117 del East River de Nueva York la primera planta piloto de producción de sacarina, el primer edulcorante artificial de la historia, con la financiación de su tío List. Aunque este murió, Fahlberg continuó el negocio junto a su primo, llamado también Adolph List. La producción de sacarina era de 5 kg diarios y el producto ganó diplomas de honor en la Exposición Universal de Amberes y en la Muestra Internacional de Inventos de Londres, ambas en 1885. El interés y la demanda por el edulcorante crecieron de tal manera que fue necesaria una segunda fábrica, esta vez en Alemania. La Saccharinfabrik A.G. vorm. Fahlberg, List & Co, situada cerca de Magdeburgo, funcionará hasta 1921.

Todos estos pasos de Fahlberg fueron a espaldas de Remsen, el cual se tomó bastante mal que en los medios se hablara frecuentemente de la nueva sustancia como «la sacarina de Fahlberg». Remsen expresó sus quejas tanto en su *American Chemist Journal* como en *Berichte*, recalcando que los artículos donde se había presentado por primera vez la sulfimida benzoica estaban firmados por ambos científicos.

Fahlberg y Remsen tenían, en realidad, visiones muy diferentes de la química. Mientras que Fahlberg siempre tuvo en mente una visión comercial e industrial, Remsen era todo lo contrario. De hecho, hasta rehuía de esta aplicación de la química, centrado en la parte más científica y académica. A Remsen le traían sin cuidado los ingresos que Fahlberg obtuviera del invento, lo que le molestaba era, simplemente, que le quitara la coautoría del hallazgo. Un hecho que Fahlberg negaba que estuviera ocurriendo, ya que él simplemente firmaba las patentes de los distintos procesos industriales de producción de la sacarina que sí había realizado por su cuenta, ya que, como hemos dicho, eran un aspecto de la química del que Remsen nunca quiso saber nada.

Remsen acabó presentando una reclamación a las patentes de Fahlberg. Un litigio había provocado el encuentro de los dos

95

químicos y ahora otro los enfrentaba. Pero Remsen tenía bien claro que su reclamación tenía todas las de perder, ya que él no había participado en ningún momento en la elaboración de los procesos de producción patentados: el objetivo de su reclamación era, simple y llanamente, molestar a Fahlberg. Y, por qué no decirlo, también conseguir un poco de atención de los medios de comunicación. Se formaron dos corrientes de opinión, una a favor de cada químico, absurdamente posicionadas por nacionalidad: los anglosajones defendiendo a Remsen y los germánicos a Fahlberg. Pero resulta fácil desarmar a un bando y a otro: Fahlberg era ruso, tanto Remsen como Fahlberg se habían formado en Alemania y, la verdad, al final, Fahlberg parecía el más estadounidense de los dos, obteniendo la nacionalidad y montado en el dólar.

En conclusión, es evidente que Fahlberg ganó todo el éxito comercial y económico de la sacarina. Pero Remsen también consiguió que se reconociera su papel en la obtención del edulcorante, siendo galardonado, por ejemplo, con la medalla de la Sociedad Estadounidense de Química Industrial. Sí, fue Fahlberg quien, por un exceso de hambre y una falta de higiene, descubrió la sustancia, pero lo hizo en el marco de una investigación de Remsen y luego fue junto a este con quien la estudió y escribió los artículos científicos que la describían.

LOS ENEMIGOS DE LA SACARINA

Mientras Remsen luchaba para que su nombre no fuera borrado de la historia, el éxito de la sacarina no había parado de aumentar. De los 5 200 kg consumidos en 1888, en 1900 ya se había aumentado hasta los 190 000 kg.

Llegados al siglo XX, la popularidad de la sacarina ya era suficientemente importante como para suponer una amenaza real para la industria azucarera europea, basada en la remolacha. La estrategia de los productores de azúcar fue desacreditar la sacarina destacando su origen: «dulce de alquitrán» la llamaban. Pero no era una táctica muy eficaz, pues el consumo, no

96

solo seguía creciendo, sino que la sacarina se convirtió en una sustancia codiciada hasta por los contrabandistas.

Y es que la sacarina acabó siendo uno de los protagonistas del mercado negro, ya que el siguiente movimiento de la industria azucarera fue lograr que fuera etiquetada por ley como producto dietético sujeto a receta médica en la mayoría de países europeos. Pero como para los consumidores resultaba más económica que el azúcar, las clases populares la obtenían sin problema de manera ilícita, de la misma manera que tomaban otros sucedáneos baratos como la margarina en lugar de la mantequilla y la achicoria como sustituto del café. Y es que la producción de sacarina es un proceso complejo y hasta más costoso que el del azúcar, pero como el resultado es un edulcorante cientos de veces más dulce que el azúcar, este mayor poder edulcorante lo acaba haciendo más económico.

Es curioso que a principios del siglo pasado la sacarina fuera una sustancia ilegal y, en cambio, el uso de la cocaína fuera totalmente normal y legal. Pero las cosas eran así y el sociólogo austríaco Roland Girtler ha señalado el comercio de sacarina de esa época como «precursor del tráfico de drogas».

Al final, los enemigos de la sacarina acabaron siendo vencidos por el éxito del producto y hoy en día continúa siendo un edulcorante consumido en todo el mundo. Quizá lo encontréis como ingrediente bajo el código E-954. Actualmente procede de la síntesis química del tolueno o del ácido antranílico. Aunque originalmente tendría un regusto amargo, esto se corrige combinándola con ciclamato o aspartamo. Algunas de sus grandes ventajas son una aportación calórica nula, no provoca caries y que, al contrario del azúcar, es apta para ser consumida por las personas diabéticas. Y, aunque debamos su hallazgo a cierta casualidad, por favor: ¡lavaros las manos!

El legado de Constantin Fahlberg no se limita solo al descubrimiento de la sacarina, pues continuó haciendo importantes contribuciones a la química y la medicina a lo largo de su carrera, aunque ninguno de sus logros alcanzó la misma notoriedad que su sorprendente hallazgo accidental en el laboratorio de Johns Hopkins.

Curiosidades

Es muy probable que en tu infancia te hayas topado alguna vez, en algún libro de texto, con el mapa de la lengua, una ilustración que pretende explicar que hay regiones concretas de este músculo que están especializadas en distinguir e interpretar cada uno de los entonces considerados cuatro sabores básicos: dulce, salado, ácido y amargo.

Pues bien, ese mapa de sabores y su interpretación es un mito. Procede de una interpretación errónea de un artículo científico que escribió en 1901 el psicólogo alemán David P. Hänig, quien se propuso medir las sensibilidades de varias regiones de la lengua a diferentes sabores. Hänig encontró diferencias en los umbrales de sensibilidad de diferentes áreas de la lengua para los distintos sabores. En 1942, el psicólogo estadounidense Edwin Boring publicó el libro *Sensación y percepción en la historia de la psicología experimental,* donde interpretaba que esos umbrales implicaban diferencias funcionales. Error.

Tuvieron que pasar treinta y dos años para que la investigadora Virginia B. Collings, también estadounidense, publicase en 1974 los resultados de un experimento mucho más completo y exigente que el de 1901. Su conclusión desbancaría el mito de la lengua: «Los resultados muestran diferentes sensibilidades en diferentes zonas de la lengua para distintos sabores, pero en todas las partes [de la lengua] hubo respuesta a todos los sabores».

Así pues, como demostró este estudio y después han corroborado otros, sí que habría zonas de la lengua más sensibles a diferentes sabores, hasta diferencias entre mujeres y hombres por lo que a la manera de interpretarlos se refiere. Pero la precisión y relevancia que tengan estas zonas sensibles aún no se ha explorado científicamente, por lo que no hay áreas concretas responsables de interpretar solo un sabor: «Las distintas zonas linguales serían sensibles a todos los sabores».

Por algún motivo, el mapa de la lengua debe resultar atractivo y, aunque ya hace medio siglo que se desmintió, aún es frecuente encontrarlo. De hecho, hay hasta quien lo ha actualizado: en la década de 1980, se aceptó un quinto sabor básico:

el umami, un gusto complejo presente en productos como las anchoas y el jamón. Lo identificó el científico japonés Kikunae Ikeda en 1908, pero no fue mundialmente aceptado hasta más de setenta años después. Aunque fue posteriormente a que Collings desmintiera el mapa de la lengua, se pueden encontrar ilustraciones que lo ubican en el área central de esta, casualmente el único espacio que antes quedaba vacío.

7

LOS RAYOS X (1895)

Viajamos ahora al 8 de noviembre de 1895, Wurzburgo, norte de Baviera. El físico alemán Wilhelm Röntgen apaga la luz de su laboratorio. Pero, aunque ya es de noche, todavía no ha terminado de trabajar. De hecho, en realidad va a empezar un experimento con rayos catódicos. Necesita estar a oscuras para hacer pruebas con la luz que generan. Pero, para su sorpresa, un brillo entre amarillo y verdoso aparece en un lugar distinto a donde está realizando su experimento. Intrigado y asombrado, comprueba que esa extraña luz solo es visible mientras los rayos catódicos están encendidos. ¿Pero qué es? Fijarse en ese brillo y entenderlo lo llevaría a recoger el Premio Nobel de Física pocos años después. También a revolucionar la medicina. Si alguien hubiera apostado por este resultado unos cuantos años atrás, sería multimillonario: Röntgen nunca había sido el estudiante más brillante de ningún aula.

UN ESTUDIANTE NADA MODÉLICO

Wilhelm Röntgen nació el 27 de marzo de 1845 en Remscheid, una ciudad cuarenta minutos al este de Düsseldorf. En 1848, cuando estalló la Revolución de Marzo en la Confederación Germánica, la familia Röntgen se trasladó a vivir a los Países

101

Bajos, por lo que la mayor parte de la infancia del futuro físico tuvo lugar en la población de Apeldoorn, donde se ubicaba su escuela. Sin embargo, Röntgen no pudo obtener el certificado de finalización de sus estudios (requisito para entrar a la universidad), ya que a los dieciocho años fue expulsado del instituto por dibujar una caricatura de un profesor (aunque él siempre ha asegurado que fue obra de un compañero). Seguramente no habría sido un problema especialmente grave si tenemos en cuenta que su familia, unos comerciantes textiles, simplemente esperaban que siguiera con el negocio familiar. Además, la verdad es que Röntgen tampoco destacaba en ninguna asignatura. Pero lo que a lo mejor le faltaba en calificaciones y capacidad de alejarse de conflictos con los docentes, le sobraba en voluntad. Cuando llegó a sus oídos que en Zúrich había una escuela politécnica que aceptaba a los nuevos estudiantes sin necesidad del título de secundaria, siempre que superaran un examen de admisión, se puso manos a la obra y lo consiguió. Aunque empezó Ingeniería Mecánica, al final salió en 1869 con un doctorado en Física por la Universidad de Zúrich. Su tesis doctoral, bajo la tutela del profesor de Mecánica y padre de la termodinámica técnica Gustav Zeuner, estudiaba las temperaturas de los distintos gases.

Además del doctorado, en 1869 Röntgen también se comprometió. No tenemos muchos detalles de cómo era el día a día de su vida universitaria en Zúrich, pero el hecho es que con quien decidió emparejarse fue Anna Bertha Ludwig, la hija de un tabernero. Y esto tuvo cierta importancia, al menos para los padres de Röntgen, que se negaron a invitar a sus consuegros a la boda por considerar que la diferencia social era demasiado grande. Igualmente, la pareja se casó el 19 de enero de 1872 en Apeldoorn. Anna tendría un pequeño papel en el gran descubrimiento de Röntgen, podríamos bromear acerca de que le echó una mano, de manera literal, pero no nos adelantemos todavía.

Con la vida académica y matrimonial ya resuelta, Röntgen empezó su andadura profesional como ayudante en el laboratorio de August Kundt, uno de los físicos alemanes más importantes del siglo XIX, reconocido por sus estudios de la dispersión de la luz y la medición de las ondas acústicas. Siguiendo a

ASC

Retrato de Wilhelm Röntgen.

Kundt, Röntgen trabajó en distintas universidades, como la de Estrasburgo y la de Wurzburgo. Durante esos primeros años, publicó diversos y detallados estudios, aunque obtuvieron una recepción más bien tibia. Algunos físicos le señalaban cierta falta de creatividad.

A pesar de todo, en 1875 Röntgen obtuvo una cátedra en la Universidad de Hohenheim, en Stuttgart. Sí, ese mismo estudiante que por motivos disciplinarios nunca había llegado a obtener el título de secundaria.

EL CAMINO HACÍA EL DÍA D

Röntgen ya nos ha demostrado que era alguien que no se daba fácilmente por vencido. Pero también que puede cambiar fácilmente de opinión: de la misma manera que fue a Suiza para estudiar Ingeniería Mecánica y volvió con un doctorado en Física, su cátedra en Hohenheim tampoco lo satisfizo como debía haber previsto inicialmente. Desilusionado por el día a día como profesor de Física y Matemáticas, primero volvió de nuevo a Estrasburgo y luego consiguió una plaza de profesor titular en la Universidad de Liebig, en Giessen, una ciudad cincuenta minutos al norte de Fráncfort.

En Giessen, pasó una etapa de nueve años, desde 1879 hasta 1888. Durante ese periodo dirigió su propio instituto de investigación y se ganó una buena fama como profesor y también como investigador. Descubrió, por ejemplo, la convección dieléctrica, que sería una pieza clave para una teoría del electromagnetismo que en aquel entonces estaba empezando a tomar forma. Pero a la vez también es verdad que en la Universidad de Liebig la física experimental tenía un papel muy secundario. No formaba parte del programa principal de estudios, por lo que solo asistían a las clases prácticas de Röntgen los estudiantes más avanzados o realmente interesados por la materia. Es decir, una minoría.

No es extraño, pues, que cuando en 1888 lo llamaron desde la Universidad de Wurzburgo, donde ya había trabajado anteriormente junto a Kundt, acudiera de inmediato. A diferencia de lo que ocurría en Liebig, en Wurzburgo la física tenía muchos más estudiantes y esto quedaba también retribuido en el salario de los profesores. Prueba de la mejora que suponía este cambio para un físico como Röntgen es la presencia de otros

104

compañeros ilustres en el claustro de profesores, como Hendrik Lorentz y Hermann von Helmholtz.

Aún hoy, existe cierta incertidumbre sobre lo que sucedió exactamente el 8 de noviembre de 1895, la noche del descubrimiento. Como Röntgen dio instrucciones de quemar parte de sus pertenencias después de su muerte, para reconstruir los hechos se necesita una minuciosa labor de detective.

Llegados a este punto, unos de los muchos frentes abiertos de la física era el estudio de los rayos catódicos. Si los rayos catódicos os suenan a algo relacionado con la televisión, enhorabuena, ya tenéis una edad (como yo). Y es que antes que las pantallas planas se hicieran con el control en el siglo XXI, los televisores utilizaban un tubo de rayos catódicos para proyectar la imagen en la pantalla (y eso requería un recorrido que impedía que las pantallas fueran planas como sí permiten las tecnologías actuales de LED y LCD).

Los rayos catódicos son en realidad corrientes de electrones que circulan entre dos electrodos dentro de un tubo de vacío, es decir, un tubo de cristal que en un extremo tiene un ánodo (el electrodo positivo) y en el otro un cátodo (el electrodo negativo). Al calentar este último, emitirá una radiación que viajará en línea recta hacia el primero e, incluso, más allá. Esta misma radiación es capaz de hacer brillar las paredes internas del cristal detrás del ánodo si se recubren con algún material fluorescente. En cambio, si se interrumpe el paso entre los dos electrodos con alguna capa de metal, en la parte fluorescente lo que ocurrirá es que se proyectará una sombra, probando así que la causa de la luz son los rayos emitidos por el cátodo. Estos descubrimientos provienen sobre todo de los trabajos del físico alemán Heinrich Rudolf Hertz (1857-1894) que siguió el futuro premio nobel (y simpatizante nazi) Philipp Lenard (1862-1947) y que también pretendía seguir Röntgen. Fue precisamente en uno de esos experimentos que la casualidad lo lanzó hacia el que realmente sería el descubrimiento de su vida.

¡MALDITA HUMILDAD!

Röntgen murió en Múnich el 10 de febrero de 1923, a los setenta y siete años, a consecuencia de un carcinoma intestinal. En su testamento pedía que se quemaran todos sus documentos y notas personales para preservar su intimidad. Se suele interpretar como una muestra de humildad por parte de un científico, que nunca persiguió un especial protagonismo. Pero lo único cierto que sabemos es que ese último deseo complica mucho saber con detalle qué es lo que sucedió la noche del 8 de noviembre de 1895. ¡Ya podría haber sido un poco más orgulloso!

El elemento central del experimento de Röntgen era algún tipo de tubo de cristal, que era el típico medio en el interior del cual se liberaban los rayos catódicos. El tubo de Crookes era una modalidad muy utilizada en ese tipo de investigaciones: un tubo de vidrio que tenía forma de pera, un electrodo negativo (o cátodo) y un electrodo positivo (ánodo). Cuando se aplicaba el vacío en el interior del tubo y una gran diferencia de potencia eléctrica entre los dos electrodos aparecía una sombra entre uno y otro, marcando la propagación de la radiación desde el cátodo hasta el ánodo. Esta reacción provocaba a su vez una luz a causa de la excitación que los electrones liberados por el cátodo ocasionaban en el gas que todavía quedaba en el tubo antes del vacío total. De hecho, la luz variaba de color según el gas utilizado, siendo el neón uno de los más frecuentes y el principio que daría lugar posteriormente a las coloridas iluminaciones que hoy conocemos como neones. Pero la modestia de Röntgen hace que hoy no sepamos ni qué gas utilizaba ni si realmente escogió para ese experimento un tubo de Crookes o alguna otra variedad.

En cualquier caso, sabemos que tenía que tratarse de un experimento muy similar ya que lo que le interesaba medir era precisamente la intensidad de esa luz. De aquí que oscureciera la habitación y tapara el tubo, lo que le permitió ver que empezaba a brillar otro elemento del laboratorio que nada tenía que ver con la prueba que tenía en marcha.

Se trataba de un papel pintado con platinocianuro de bario, un mineral fluorescente, es decir que, según se sabía en la época de Röntgen, emite luz visible cuando se ilumina con rayos ultravioleta. Por suerte para todos nosotros, el hecho llamó toda la atención del físico alemán.

Röntgen sabía que no había ninguna fuente de luz ultravioleta en el laboratorio. Y, aunque ese brillo coincidiera con la activación de los rayos catódicos, que lo comprobó, era bien conocido que los rayos catódicos viajan distancias muy reducidas, unos pocos centímetros, así que era imposible que llegaran hasta ese papel que tenía junto a la mesa. El papel se encontraba a cierta distancia de un tubo de descarga de gas con el que estaba trabajando y, aun después de haber cubierto el tubo con cartón, la fluorescencia no disminuyó. Eliminadas las dos opciones que parecían más plausibles, solo quedaba una tercera: estaban actuando unos rayos desconocidos. Por eso, al ser una incógnita, decidió llamarlos rayos X.

El experimento inicial perdió todo su interés y Röntgen centró sus esfuerzos en investigar la naturaleza de esos supuestos rayos. Intentó ver si reaccionaban en distintos objetos, como libros y maderas. Utilizando papel fotográfico, iba comprobando cómo los rayos X penetraban o no los distintos materiales. La curiosidad lo llevó a probar con su propia mano y el resultado fue el más sorprendente de todos: los rayos atravesaban (penetraban) la piel y la carne, pero no los huesos, la sombra de los cuales quedaba perfectamente reflejada en el papel fotosensible. Para confirmar esa curiosa propiedad de los rayos, le pidió a su esposa que le echara una mano, ahora sí, literalmente, obteniendo exactamente el mismo resultado. Se dice que la mujer quedó atónita y hasta exclamó que había visto su muerte.

Siguiendo con este tipo de pruebas, intentó atravesar la puerta de su laboratorio, también con un resultado sorprendente: en la placa fotográfica se veían unas extrañas líneas más claras que el resto de la superficie. Estudiando la puerta con detenimiento, Röntgen llegó a la conclusión de que el culpable de esas líneas era el plomo presente en la pintura que cubría la puerta, ya que absorbía mucho más los rayos y, por lo tanto, impedía su paso.

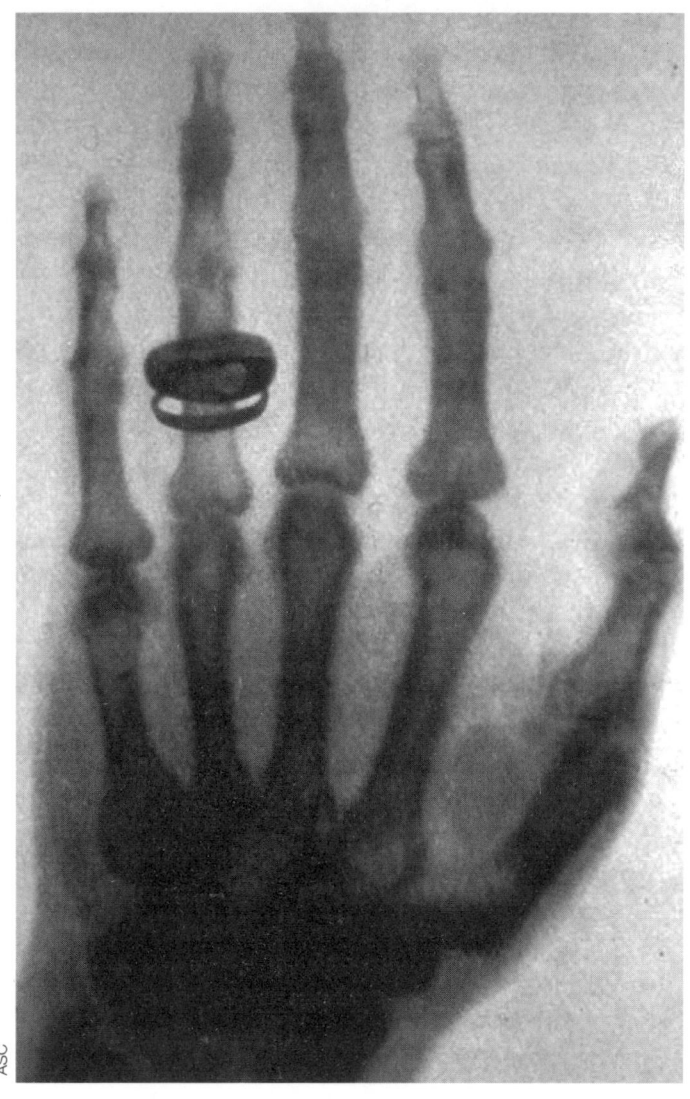

ASC

Una de las primeras radiografías (1896) tomadas en una conferencia pública por Wilhelm Röntgen de la mano izquierda de Albert von Kölliker.

UN NUEVO MUNDO

Aunque Röntgen destruyera sus notas personales, publicó el resultado de estas siete semanas experimentando con los rayos X el 28 de diciembre de 1895 (sin que el día tuviera ninguna connotación de inocentada) en un artículo con un título tan modesto como veraz: «Sobre un nuevo tipo de rayos». Bueno, él lo llamó «Über eine neue Art von Strahlen» porque en la publicación de la Universidad de Wurzburgo habría quedado raro de otra forma, pero ya nos entendemos.

En ese primer artículo, Röntgen ya describía prácticamente todas las propiedades de los rayos X que conocemos a día de hoy, como por ejemplo su naturaleza inmune a los campos magnéticos. Todos esos datos tendrían gran repercusión, apareciendo también en la prensa y siendo traducidos a distintos idiomas, como el inglés, el francés, el italiano y el ruso. Pero lo que más llamaba la atención no necesitaba de traducción, porque eran las imágenes radiográficas adjuntas, de distintos objetos pero, sobre todo, de la mano de su mujer, Anna Bertha Ludwig.

Escrutar el interior de un paciente sin tener que abrirlo era una revolución nunca vista en la historia de la medicina, un hecho especialmente importante en una época donde la anestesia no tenía la misma fiabilidad que en la actualidad. Desde el primer momento, muchos médicos empezaron a utilizar este nuevo recurso. Como en tantos otros campos que dan sus primeros pasos, fueron unos inicios artesanales, donde cada especialista exploraba a su manera las posibilidades de la nueva herramienta. Lo más común era aprovechar las plantas subterráneas de los hospitales para improvisar las primeras salas de radiología. El primer departamento de la nueva especialidad se creó en Glasgow en 1896, cuando ni tan siquiera hacía un año de la publicación del estudio de Röntgen.

Esas primeras salas de radiología poco tenían que ver con las actuales: solo cabe decir que los pacientes se sostenían sus propias placas fotosensibles, de pie o sentados. Aun así, a la ya suficientemente rápida popularización de los rayos X se le sumó un evento que la hizo todavía más necesaria: la Primera Guerra Mundial. El gran número de heridos y mutilados del conflicto le dio a la radiología el impulso definitivo para convertirse en una especialidad médica independiente y reconocida, dando lugar a un nuevo tipo de profesionales y, en definitiva, a un nuevo mundo para la medicina.

Las aplicaciones de las radiografías por rayos X también fueron aumentando progresivamente. Lo que en un inicio era una simple observación de la estructura ósea, sirvió para tener un mayor conocimiento de esta y, así, poder reconocer con mayor precisión distintas alteraciones y enfermedades de los huesos. Aunque igualmente luego pudiera ser necesario pasar al paciente por la mesa de operaciones, la localización previa de cualquier tipo de dolencia facilitaba, y mucho, la labor y las posibilidades de éxito de los equipos de cirujanos.

Pero enseguida también llegaron las radiografías de los órganos. Francis Henry Williams (1852-1936), considerado el primer radiólogo de Estados Unidos, fue también el autor de la primera imagen del corazón, a un paciente con dilatación cardíaca del Boston City Hospital. Los austríacos Eduard Haschek (1975-1947) y Otto Lindenthal (1872-1947) añadieron a la receta mágica la utilización del contraste. Con una combinación de cal, mercurio y petróleo, aplicada, eso sí, a una mano amputada, lograron visualizar en la radiografía los vasos sanguíneos. Por su parte, el creador de ese primer departamento de radiología en Glasgow, el escocés John MacIntyre (1857-1923), utilizó los rayos X para divisar un cálculo renal en un paciente, diagnóstico que luego fue confirmado en quirófano. También fueron notables las primeras pruebas en radiografía ginecológica, realizadas por el obstetra estadounidense Edward Parker Davis (1856-1973) introduciendo el cráneo de un feto en la pelvis de un cadáver femenino.

Hoy en día tenemos otros recursos, como las ecografías, las resonancias magnéticas y las resonancias por emisión de positrones, así como evoluciones en el uso de los rayos X como las tomografías computadas. De hecho, hasta las radiografías tradicionales ya no hace falta capturarlas en placas fotosensibles, almacenándose directamente de manera digital. Pero todo este camino del diagnóstico por imagen empezó gracias al descubrimiento de los rayos X.

¿LOS RAYOS DE LA MUERTE?

En la vida no todo puede ser de color de rosa y, aunque los rayos X fueron una maravilla de descubrimiento como método no invasivo de diagnóstico, resulta que un poco invasivos sí que son. Es probable que alguna vez os hayáis fijado en las advertencias que hay en las salas de radiología o hasta en las protecciones que usan los técnicos que trabajan en ellas. Está más que justificado.

Si ordenamos el espectro electromagnético por longitud de onda y de mayor a menor, los rayos X vendrían a continuación de los rayos ultravioletas. Mientras que los descubiertos por Johannes Ritter tienen una longitud de onda de entre 400 nm y 100 nm, los de Wilhelm Röntgen se quedan entre 10 nm y 1 pmm. Además, son una forma de radiación electromagnética ionizante, lo que significa que tienen suficiente energía como para dañar nuestro ADN y causar cáncer.

Pero, si alguna vez os habéis hecho una radiografía, ¡no os asustéis! Aunque el nombre de rayos X y su capacidad de mostrar nuestro esqueleto parezca el arma secreta de algún villano barato, su peligro supone un riesgo muy pequeño que solo es significativo si se convierte en habitual al largo de la vida, algo que normalmente solo suele pasarle a los profesionales de radiología que, por ese motivo, ya toman las precauciones necesarias. No son, pues, ningún «rayo de la muerte». Ahora bien, como es lógico, en el momento de descubrir los rayos X, Wilhelm Röntgen desconocía estos efectos nocivos.

El 3 de junio de 1897 se celebró en Londres la primera reunión de la Sociedad Röntgen, que más adelante pasaría a ser el Instituto Británico de Radiología, la sociedad radiológica más antigua del mundo. Y fue precisamente en ese primer año de existencia que la entonces todavía Sociedad Röntgen estableció un comité para estudiar los posibles efectos nocivos de los rayos X. Entre los primeros síntomas que registraron, destacaban las inflamaciones cutáneas y la pérdida de cabello.

Como hemos comentado antes, las radiografías como recurso médico se popularizaron rápidamente por todo el mundo, pues resultaban sumamente beneficiosas para todo tipo de diagnósticos. Igual que hoy, esos beneficios superaban con creces los efectos adversos de los rayos X, así que la tecnología no se puso en duda, sino que se implementaron medidas de seguridad. De hecho, en 1913 la Sociedad Röntgen de Alemania publicó las primeras recomendaciones de protección radiológica para los técnicos de los rayos X.

Algunos científicos notables fueron testigos de los efectos adversos de los rayos X. Es el caso de Nikola Tesla (1856-1943), que informó de irritaciones en los ojos. También fue el caso de su competidor, Thomas Alva Edison (1847-1931), quien además tuvo como ayudante de laboratorio a Clarence Madison Dally (1865-1904), a quien se señala como posible primera víctima mortal de los efectos de los rayos X, ya que murió de un carcinoma metastásico a los treinta y nueve años.

OTROS EFECTOS SECUNDARIOS DE LOS RAYOS X

Pero quien más notó los efectos de los rayos X fue, sin duda, su descubridor, Wilhelm Röntgen. Y no solo porque también acabara muriendo de un carcinoma intestinal.

El hallazgo le valió numerosos premios y reconocimientos, todas las universidades querían hacerle doctor *honoris causa*. De hecho, en 1901 consiguió el Premio Nobel de Medicina gracias a la utilización de los rayos X en este campo.

Pero él, empecinado por su modestia o quizá por algún trastorno obsesivo-compulsivo nunca diagnosticado, prefería seguir con su rutina habitual en el laboratorio. Lo que no era muy compatible con estar constantemente recogiendo trofeos y medallas. Así que optó por el camino contrario y cada vez fue adoptando una vida más retirada. Le gustaba trabajar solo y hasta rehusaba asistentes.

Tampoco debió ayudar que en ocasiones se discutiera su descubrimiento. Esto suele pasar cuando los científicos encuentran y categorizan algo que ya existía de manera natural. Con razón o sin razón, siempre aparece alguien que asegura haberlo descubierto antes. Este tipo de rumores acompañaron a Röntgen durante toda su vida. También cabe decir que, en un inicio, era habitual llamar rayos Röntgen a los rayos X, ya hemos visto que las primeras sociedades radiológicas llevaban su nombre, pero al final se popularizaron más los términos rayos X (que él mismo acuñó) y radiología.

En el terreno personal su aislamiento también fue en aumento. En 1915 falleció el biólogo Theodor Boveri, uno de sus amigos más cercanos. Cuatro años después lo hizo su esposa, Anna Bertha Ludwig. Aunque nunca habían tenido hijos propios, sí habían adoptado a una sobrina, Josephine Bertha Ludwig. Al quedarse viudo, Röntgen optó por abandonar la docencia, muriendo finalmente en Múnich en 1923, a los setenta y siete años. Aunque pidió que se quemara toda su documentación personal, legó sus publicaciones y la medalla del Nobel a la Universidad de Wurzburgo.

Por mucho que su modestia y carácter reservado lo llevaran a apartarse de los focos de atención, se le discutiera la autoría del descubrimiento y su nombre dejara de utilizarse para referirse a los rayos X, ninguno de estos hechos ha logrado borrar de la historia la figura de Wilhelm Röntgen. Prueba de ello es que actualmente puede visitarse el Museo Röntgen en Remscheid, su ciudad natal.

CURIOSIDADES

Wilhelm Röntgen ha pasado a la historia por ser el descubridor de los rayos X, pero este tipo de radiación está también vinculado al nombre de otra gran figura de la ciencia: Marie Curie.

La doble ganadora del Nobel fue una de las grandes impulsoras de la tecnología radiológica durante la Primera Guerra Mundial. Utilizando sus propios medios, Curie creó unas unidades móviles que fueron bautizadas como Petite Curie. Se trataba de vehículos pintados con una cruz roja (el primero de ellos una camioneta Renault de color gris) que en su interior tenían todo el equipo necesario para realizar radiografías: un aparato de rayos X en una sala oscura para el revelado de las placas con una dinamo para generar la electricidad necesaria a partir del mismo motor de gasolina del vehículo.

Las Petites Curies se desplazaban entre los hospitales de campaña del frente para facilitar los diagnósticos de los cirujanos. De esta manera, ahorraban los traslados de los soldados heridos hasta los hospitales que contaban con este recurso, ganando un tiempo muchas veces imprescindible para salvar vidas.

La idea de Curie era de una utilidad indiscutible pero, aun así, el ejército francés no acababa de proporcionarle el financiamiento necesario. Las Petites Curies eran unidades relativamente simples, pero, además de los propios vehículos y equipamientos, también era necesario personal suficientemente instruido como para encargarse de la maquinaria.

Curie se vio obligada a buscar fondos por su cuenta. Lo consiguió gracias a la Unión de Mujeres de Francia: las donaciones de señoras ricas de todo el país permitieron habilitar un centenar y medio de Petites Curies. Las operarias de los equipos, también mujeres, fueron formadas por ella misma. De hecho, con casi cincuenta años, Marie Curie aprendió a conducir para poder llevar a cabo este proyecto. También por este motivo aprendió a realizar las radiografías.

Marie Curie era, además, la jefa del Servicio de Radiología de la Cruz Roja Francesa. Su hija Irene, que más adelante también ganaría el Nobel de Química, solía acompañarla con las Petites Curies. Se calcula que con esta iniciativa atendieron a más de un millón de heridos. La popularidad y la eficacia probada de estas unidades móviles de radiología fueron una importante contribución para la implantación de los rayos X como herramienta diagnóstica en la medicina.

8

LA RADIACTIVIDAD (1896)

Marie Curie es una de las científicas más importantes de la historia. Prueba de eso es que fue la primera persona en conseguir dos Premios Nobel: el de física en 1903, por el descubrimiento de la radiactividad, y el de química en 1911, por el descubrimiento de dos nuevos elementos como eran el radio y el polonio.

Pero sería incorrecto afirmar que Marie Curie fue quien descubrió la radiactividad. Ese logro corresponde al físico francés Henri Becquerel, el cual compartió con Pierre y Marie Curie el Nobel de 1903, aunque quizá los logros posteriores de *madame* Curie hayan eclipsado su papel en la historia. Un papel en el que la casualidad también tuvo un rol protagonista.

FOSFORESCENCIA VS. FLUORESCENCIA

Antoine Henri Becquerel nació en París el 15 de diciembre de 1852. Formaba parte de una distinguida y acomodada familia de eruditos y científicos, sobre todo físicos, que empezó con su abuelo, Antoine César Becquerel, miembro de la Royal Society, cofundador de la electroquímica y uno de los 72 científicos e ingenieros cuyo nombre se inscribió en la Torre Eiffel. El padre de Henri, Alexander Edmond Becquerel, era

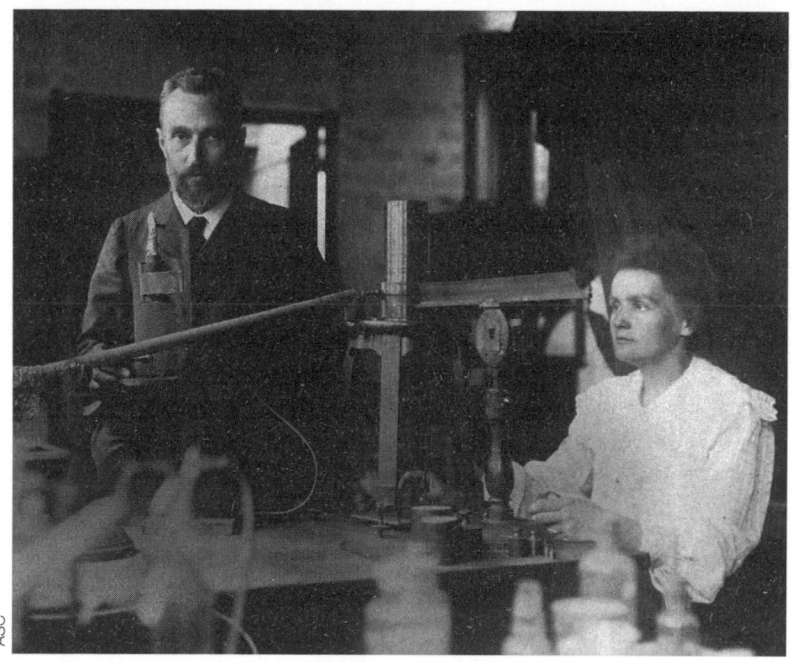

ASC

Pierre y Maria Curie en el laboratorio, mostrando el aparato
experimental utilizado para detectar la ionización del
aire, y por tanto la radiactividad, de muestras de mineral
purificado que permitieron su descubrimiento del radio.

profesor de Física Aplicada y había investigado la radiación
solar y la fosforescencia.

Henri Becquerel realizó sus estudios de ingeniería en la Escuela Politécnica de París de 1872 a 1874, y los acabó en la
Escuela Nacional de Puentes y Caminos de 1874 a 1877. Más
adelante, en 1894, se convertiría en ingeniero jefe, aunque su
carrera más estrictamente científica había empezado antes. En
1878, ocupó un puesto como asistente en el Museo Nacional
de Historia Natural de París, en 1888 obtuvo el título de doctor
en Ciencias gracias a sus investigaciones sobre la absorción de
la luz, en 1892 fue nombrado profesor de Física Aplicada en el
Museo Nacional de Historia Natural (reemplazando a su padre
después de su muerte) y se convirtió en profesor de la Escuela
Politécnica en 1895.

116

Entre las primeras investigaciones científicas de Becquerel destacan el estudio de la polarización de la luz, del magnetismo y del fenómeno de la fosforescencia por parte de los cristales. Henri también investigó la radiación infrarroja descubierta por William Herschel en 1800, examinando los espectros de diferentes cristales fosforescentes bajo estimulación infrarroja donde trabajó con algunos compuestos de uranio.

Antes de empezar con la radiactividad merece la pena saber qué es el fenómeno de fosforescencia y en qué se diferencia de la fluorescencia, ya que muchas veces se confunde el término.

La fosforescencia es un fenómeno que manifiestan algunas sustancias con la capacidad de absorber energía en forma de fotones de una longitud de onda concreta, como por ejemplo la luz solar, y almacenarla para después emitirla a una longitud de onda diferente. A nivel doméstico, un ejemplo de fosforescencia serían esas pequeñas estrellitas decorativas de un color amarillo pálido que si reciben luz durante el día de noche se ven iluminadas con un color un poco más verdoso que se va apagando a medida que agotan la energía anteriormente absorbida.

En cambio, el fenómeno de la fluorescencia se basa en el mismo principio pero sin que se produzca un retraso temporal en la emisión, ya que la energía absorbida se emite de inmediato. En este caso, el ejemplo de andar por casa serían las luces fluorescentes que durante años han iluminado muchas de nuestras cocinas, aunque últimamente están desapareciendo en favor de la tecnología LED. Las luces fluorescentes se iluminan gracias a un gas contenido en el interior del tubo que al absorber luz ultravioleta la emite en forma de luz visible al instante.

AL MAL TIEMPO, BUEN HALLAZGO

En enero de 1896, Becquerel se contagió de la fiebre por los rayos X que invadió Europa y relacionó sus investigaciones sobre la fosforescencia con esa radiación descubierta por Wilhelm Röntgen. El punto de partida fue una sesión en la Academia de Ciencias de París donde el matemático Henri

Poincaré (1854-1912) presentó las primeras radiografías (aunque entonces todavía no recibían este nombre) que le había enviado el mismo Röntgen.

¿Serían los minerales fosforescentes también emisores de rayos X? Esta fue una de las preguntas que quiso responder Becquerel después de asistir a la conferencia donde Poincaré había difundido los descubrimientos de Röntgen. No fue el único: otros de los científicos que asistieron intentaron hacer la misma prueba con algunos de los minerales de los que se conocían las propiedades fosforescentes. Estamos hablando de materiales como la wurtzita (blenda hexagonal) y la fosforita (espato de flúor), pero ninguno obtuvo resultados positivos y todos acabaron aparcando el tema... menos Becquerel. La diferencia fue que él disponía de otro material, muy poco común: las sales de uranio. Su padre, Edmond Becquerel, había sido un espectroscopista especializado en las llamadas «tierras raras». Por este motivo, Henri no solo las tenía a mano, sino que ya estaba familiarizado con este tipo de materiales.

Becquerel consideraba que la fosforescencia de las sales de uranio tenía que manifestarse con longitudes de onda cortas, lo cual se correspondía con los rayos X de Röntgen, por lo que vio opciones de que existiera una correlación. Así, diseñó sus experimentos basándose en esta hipótesis, que hoy sabemos incorrecta. Él mismo describió el procedimiento de la siguiente forma en una nota fechada el 24 de febrero de 1896:

Se envuelve una placa fotográfica de Lumière de gelatina de bromuro en dos hojas de papel negro muy pesado, de manera que la placa no se vea expuesta a la luz del sol durante un día.

Se deja una placa de la sustancia fosforescente sobre el papel, por la parte de fuera, y se expone el conjunto al sol durante varias horas. Cuando se revela después la placa, se descubre la silueta de la sustancia fosforescente, apareciendo en negro en el negativo. Si se coloca entre la sustancia fosforescente y el papel una moneda o una hoja de metal agujereada con algún dibujo, se puede ver que la imagen de estos objetos aparece en el negativo.

Podemos, en consecuencia, concluir que la sustancia fosforescente en cuestión emite radiaciones que penetran papel opaco a la luz y reducen las sales de plata.

Al contrario de lo que hemos dicho, pues, este primer experimento parecía demostrar la hipótesis de Becquerel. Por suerte, era un científico suficientemente concienzudo como para no contentarse con el primer resultado que le pudiera dar la razón, y continuó investigando. La casualidad quiso que tan solo dos días después de ese primer experimento un hecho fortuito lo cambiara todo.

Era 26 de febrero, Becquerel se disponía a seguir sus experimentos con las sales de uranio. Pero en ese momento, las nubes invadieron el cielo. Como necesitaba exponer su material al sol para lograr la fosforescencia, las condiciones meteorológicas le impedían proseguir con sus pruebas, por lo que se vio obligado a guardar las sales de uranio y la placa fotográfica en un cajón hasta que hiciera suficiente sol.

El problema (al menos en un primer momento, hoy podemos calificarlo como el regalo del azar que permitió esta serendipia) fue que el tiempo nublado se mantuvo durante unos cuantos días. Al final, cansado de esperar, Becquerel decidió seguir adelante con el experimento aunque probablemente la falta de luz solar no le pudiera proporcionar unas imágenes tan nítidas como las del primer día. Su sorpresa fue, al revelar la placa, que a pesar de la falta de luz solar las imágenes resultantes eran igualmente claras.

¿Qué había pasado? Ya hemos visto que la fosforescencia necesita primero haber absorbido energía para luego poder emitirla, así que no se trataba de ese fenómeno. Por lo tanto, las sales de uranio habían emitido esa energía por sí mismas, sin necesidad de una excitación externa. Era una propiedad nueva a la que Becquerel decidió llamar inicialmente «fosforescencia invisible», pero que acabaría conociéndose mundialmente por el nombre de radiactividad.

119

PASAR EL TESTIGO RADIACTIVO

Becquerel describió su hallazgo en hasta siete artículos publicados también en 1896. A estos le seguirán aún dos más en 1897, pero ya ninguno en 1898. Esto es una prueba del poco interés inicial por el descubrimiento por parte del mundo científico. La causa más probable es que fueron unos años donde se estudiaban muchos tipos de radiación, desde las ondas de radio a los rayos catódicos. Y, además, quienes acaparaban toda la atención eran los rayos X de Röntgen, gracias a las opciones que ofrecían en el campo de la medicina.

Pero no te pienses que tardaría mucho tiempo en llegar el momento de la radiactividad: en 1903 Becquerel compartió el premio Nobel de Física con Pierre y Marie Curie por su descubrimiento. ¿Cuál fue, pues, la espoleta que lo activó todo? Pues, simplemente, el descubrimiento de nuevos materiales radiactivos que compartían las características de las sales de uranio. Es el caso del polonio y el radio, descubiertos por los Curie, o el torio, hallado por el químico germano Gerhard Carl Schmidt (1865-1949).

Aunque las aportaciones científicas posteriores de Marie Curie seguramente hayan eclipsado el papel de Becquerel en el descubrimiento de la radiactividad hasta el punto de que muchas veces ni se menta su nombre al referirse al Nobel de 1903, el hecho es que ese premio no se repartió a partes iguales entre los tres científicos: Becquerel se llevó una mitad y el matrimonio Curie la otra.

Becquerel no vivió muchos años más después del reconocimiento de la Academia Sueca: murió el 25 de agosto de 1908, durante unas vacaciones en la mansión de su suegro en Le Croisic, en la costa atlántica francesa. La causa de la muerte se registró como «desconocida», pero que le llegara con tan solo cincuenta y cinco años y tras haber desarrollado diversas quemaduras graves en la piel hace sospechar que su trabajo con materiales radiactivos pudo tener un papel tristemente decisivo.

No obstante, otros científicos recogieron el testigo de Becquerel e investigaron el fenómeno de la radiactividad. No solo los Curie, también los británicos Ernest Rutherford (1871-1937) y Frederick Soddy (1877-1956). Aunque su hijo Jean (1878-1953) no estudió específicamente la radiactividad, sí se convirtió en la cuarta generación científica de los Becquerel que estudiaron diferentes propiedades del magnetismo y acabó convirtiéndose en uno de los primeros profesores de relatividad y física cuántica en Francia. Además, el becquerel, símbolo Bq, es el nombre que en su honor recibe la unidad métrica más utilizada en la actualidad para medir la radiactividad. Equivale a una desintegración por segundo, siendo importante recalcar que un número alto de becquerels no es necesariamente sinónimo de mayor peligrosidad de la sustancia radioactiva, ya que en este caso solamente estamos midiendo la velocidad a la que pierde partículas.

El becquerel como unidad se adoptó oficialmente en 1975; hasta entonces, la medida de radiactividad más frecuente era el Curie, símbolo Ci, de origen obvio y que ahora solo se usa en casos muy concretos. Siguiendo con los apellidos clave de los primeros investigadores de la radiactividad, también existe otra medida que es el rutherford, equivalente a mil becquerels, pero que ya ha quedado en desuso.

¿QUÉ ES LA RADIACTIVIDAD?

Para empezar, debemos tener claro que la radiactividad es un fenómeno físico completamente natural que manifiestan algunos elementos químicos de manera espontánea. Concretamente, aquellos con núcleos atómicos inestables que pierden energía a través de la emisión de radiación. Esta radiación básicamente puede ser de tipo alfa, beta o gamma. Además, la radiactividad tiene la capacidad de atravesar cuerpos opacos, impresionar placas fotográficas o ionizar gases. Como vimos en el capítulo anterior, este tipo de radiación puede causar daños en nuestro ADN.

Por lo tanto, la radiactividad ha existido siempre, independientemente de que fuésemos conscientes de ella. Un golpe de suerte permitió a Becquerel darse cuenta de su existencia e iniciar todas las investigaciones científicas que vinieron detrás.

PODER DE PENETRACIÓN DE DISTINTOS TIPOS DE RADIACIÓN

Ilustración que muestra el poder de penetración de distintos tipos de radiación: alfa, beta, gamma y neutrones.

Gracias a ellas, sabemos que la radiactividad se produce espontáneamente en aquellos elementos o isótopos cuyos núcleos atómicos son inestables. Son inestables porque se desintegran progresivamente, emitiendo una gran cantidad de energía en forma de radiaciones ionizantes. Cada elemento presenta un ritmo de emisión y tipo de energía característicos. La capacidad de penetración de la radiación dependerá del tipo al cual pertenezca. Así, la radiación alfa (flujo de partículas positivas formada por dos protones y dos neutrones) es la menos penetrante de todas y puede detenerse con una simple hoja de papel. La radiación beta (flujo de electrones proveniente de la destrucción de neutrones en el núcleo radiactivo) ya es más penetrante y para aislarla necesitaremos algunos milímetros de algún material como el aluminio o el metacrilato. Por su parte, la radiación gamma (ondas electromagnéticas de energía especialmente elevada) es muy penetrante, requiriendo tanto de un grosor importante como de un material denso, como el plomo o el hormigón, para contenerla.

Aunque la capacidad ionizante de la radiactividad (su poder para eliminar electrones al interactuar con el resto de la materia) resulta especialmente nociva para nuestro organismo, lo cierto es que este fenómeno también tiene su utilidad en diversos campos. En la industria, las radiaciones ionizantes son útiles para la esterilización de materiales y la medida de la humedad en la producción de materiales como el vidrio y el hormigón. En agricultura, nos permiten medir el grado de absorción de un abono por parte de una planta y las radiaciones gamma pueden aumentar el periodo de conservación de los alimentos.

Pero es en el ámbito de la medicina donde encontramos seguramente las utilidades más interesantes de la radiactividad, ya que se encuentra ampliamente presente en diversas técnicas de radiodiagnóstico, radioterapia y medicina nuclear.

El radiodiagnóstico es la visualización y exploración de la anatomía humana a través de imágenes con el objetivo de identificar enfermedades y lesiones internas. El ejemplo más común en realidad ya lo hemos explicado: son las radiografías realizadas gracias a los rayos X. Pero también debemos incluir en esta categoría las tomografías computarizadas, que nos proporcionan imágenes tridimensionales de nuestro cuerpo a partir de la utilización de radioisótopos, la forma inestable de un elemento que emite radiación para transformarse en una forma más estable. Además, en determinados procesos quirúrgicos la fluoroscopia y la radiación intervencionista permiten a los cirujanos el seguimiento visual de las operaciones.

En lo que a la radioterapia se refiere, las altas dosis de radiación utilizadas nos permiten destruir células y tejidos tumorales. Los últimos avances médicos han permitido que esta radiación se pueda dirigir con suficiente precisión hacia el tumor como para proteger de ella a los tejidos sanos circundantes. Lo que hace la radioterapia es dañar las células destruyendo su material genético. En realidad, por mucha precisión que hayamos conseguido, las células sanas también pueden verse dañadas, pero la diferencia es que tienen mayor facilidad para repararse que las células cancerosas. Pero, en cualquier caso, el objetivo siempre es tratar el cáncer afectando a la menor cantidad de células sanas posible.

Por último, la medicina nuclear es toda aquella donde se utiliza material radiactivo en forma no encapsulada para diagnóstico, tratamiento e investigación. Sería el caso del radioinmunoanálisis, una técnica de análisis que se utiliza en el laboratorio para cuantificar muchos tipos de sustancias, desde hormonas hasta fármacos, en muestras biológicas previamente obtenidas del paciente.

En conclusión, aunque el concepto de radiactividad nos pueda dar un miedo totalmente justificado porque, insisto, es un fenómeno que perjudica la salud de manera directa, nada es nunca blanco o negro y también tiene multitud de aplicaciones que pueden ser beneficiosas, hasta para nuestra propia salud. Quién sabe, pues, qué sería de todos estos avances científicos si Becquerel nunca se hubiera topado con una semana nublada...

CURIOSIDADES

Hoy en día nos resulta sorprendente, pero en el fondo es lógico entender que los pioneros de la radiactividad todavía desconocieran la peligrosidad del fenómeno que estaban estudiando. Por este motivo, durante sus investigaciones ninguno de los tres ganadores del Nobel de Física de 1903 usó ningún tipo de protección, ni para su cuerpo ni para sus pertenencias. Objetos como el cuaderno de laboratorio de Marie Curie sigue siendo, en la actualidad, peligroso para la salud. Parece increíble, pero un cuaderno con notas que han sido tan importantes para la historia de la ciencia puede causar enfermedades o incluso matar a sus lectores.

Algunos de estos libros, cuadernos y papeles varios, se guardan en lugares como la Biblioteca Nacional de Francia, pero no de cualquier manera. Están almacenados en los sótanos dentro de cajas de plomo, ya que, más de un siglo después, siguen siendo peligrosamente radiactivos. ¡Y lo que queda...!

Por lo tanto, si eres investigador y quieres acceder a estos documentos, no solo debes manipularlos con ropa de protección, sino que también tienes que firmar un documento de responsabilidad. Marie Curie murió a los sesenta y seis años por anemia aplásica, una enfermedad rara vinculada a la radiación a la que se expuso de manera continuada. Esta acabó por destruir las líneas celulares de su médula ósea y esa falta de eritrocitos (glóbulos rojos) acabó llevándola a la tumba.

Según cuentas las crónicas de la época, era tanta la radiación que contenía el cuerpo de madame Curie que, para poderlo enterrar en el Panteón de París, donde se encuentran otros personajes célebres como Rousseau y Voltaire, fue necesario fabricar un ataúd con paredes de plomo suficientemente gruesas. Y es que, en el año 1995, durante la reubicación de su cuerpo desde el cementerio de Sceaux (París) donde se había enterrado inicialmente en 1934, se descubrió que emitía altos índices de radiactividad, sobre todo de radio-226, material con una semivida de 1 600 años. Esto significa que, pasados estos dieciséis siglos, la radiactividad tan solo habrá bajado a la mitad.

Por mucho que llame la atención, en realidad no es para extrañarnos, fijémonos en cómo la misma Curie describía el laboratorio:

Una de nuestras alegrías era ir a nuestra sala de trabajo por la noche; luego percibimos por todas partes las siluetas débilmente luminosas de las botellas de cápsulas que contenían nuestros productos. Era realmente una vista encantadora y siempre nueva para nosotros. Los tubos brillantes parecían como luces débiles, de hadas.

Este mismo laboratorio donde descubrieron el radio, a las afueras de París, se utilizó hasta el año 1978. Luego fue abandonado. En la década de 1980, *Le Parisien* empezó a publicar informaciones sobre el alto número de cánceres en el vecindario. La respuesta no fue rápida, hubo que esperar hasta 1991 para que las autoridades limpiaran el edificio y retiraran los instrumentos, libros y cuadernos para destruirlos o almacenarlos en lugares seguros.

9

LA PENICILINA (1928)

La penicilina es el ejemplo más paradigmático de descubrimiento científico casual. El motivo no es tanto cómo sir Alexander Fleming hizo el hallazgo, sino la gran repercusión que tuvo. El uso de la penicilina dio el pistoletazo de salida a la era de los antibióticos en la década de 1940. Por este motivo, estamos hablando de uno de los mayores avances de la historia de la medicina. Así lo prueba la cantidad de vidas que ha salvado: según algunos recuentos, hasta 500 millones.

Hoy en día los antibióticos son un grupo amplio y heterogéneo de fármacos que combaten las infecciones por bacterias en los seres humanos y los animales, ya sea matando las bacterias o dificultando su crecimiento o multiplicación. Pero antes de su aparición, los medicamentos para tratar infecciones graves como la neumonía, la gonorrea o la fiebre reumática eran ineficaces o, directamente, inexistentes. Infecciones en la sangre producidas por un corte o un simple rasguño podían significar la muerte.

No es de extrañar, pues, que llame la atención que un avance científico que ha beneficiado a la humanidad de manera tan directa llegara de manera casual. De aquí que, seguramente, este sea el caso más conocido de todos los que comprenden este libro. Pero la serendipia detrás del descubrimiento del primer antibiótico tampoco está muy clara y, como veremos, hay diferentes versiones sobre cómo Alexander Fleming llegó a dar con

127

la penicilina. Eso sí, todas ellas tienen dos cosas en común: la intención de las investigaciones de donde surgió no era en ningún caso encontrar un antibiótico y su protagonista, Fleming, no era ningún aficionado.

ANTES DE LA PENICILINA

Sir Alexander Fleming nació el 6 de agosto de 1881 en una granja de Darvel, población escocesa situada a cuarenta minutos al sur de Glasgow. En 1895, antes de cumplir los catorce años, se trasladó a vivir a Londres con su hermanastro Thomas, entonces estudiante de Medicina. En la capital británica, Fleming finalizó su educación básica en el Instituto Politécnico de Regent Street, la actual Universidad de Westminster. En 1897, al graduarse, pasó a trabajar en las oficinas de una compañía naviera.

Aunque había sido un buen estudiante, en ese momento nada parecía indicar que Fleming acabaría convirtiéndose en el reconocido científico que es hoy en día. Todo cambió en 1901, cuando a los veinte años heredó una pequeña fortuna tras la muerte de su tío, John Fleming. Esa inyección económica le permitió dejar el trabajo y matricularse en la Escuela Médica del Saint Mary's Hospital, siguiendo así el consejo de su hermanastro Thomas, entonces ya convertido en médico.

En 1906, Fleming se graduó en Medicina y Cirugía, pasando a incorporarse al mismo departamento de investigación de la Escuela Médica del Saint Mary's Hospital. Allí se convirtió en el bacteriólogo asistente de sir Almroth Wright (1861-1947), un eminente inmunólogo y pionero en vacunas autógenas (preparadas a partir de las bacterias del propio paciente), y empezó a dar clases. Fleming también abrió su propia consulta, especializándose en enfermedades venéreas y, en concreto, en la sífilis.

En 1914, al estallar la Primera Guerra Mundial, Fleming pasó a servir como capitán en el Cuerpo Médico del Ejército Real. De hecho, él ya formaba parte del ejército como voluntario del regimiento escocés de Londres desde 1900, siendo reconocido como un excelente tirador. La guerra lo llevó hasta el frente

ASC

Retrato de sir Alexander Fleming en su laboratorio
de St. Mary's, en Paddington, Londres (1943).

occidental, en Francia, donde aprovechó para continuar investigando. En un laboratorio improvisado en Boulogne-sur-Mer, una población muy cercana al paso de Calais que tan decisivo sería en la Segunda Guerra Mundial, Fleming comprobó que los antisépticos habitualmente utilizados para tratar las infecciones en las heridas de los soldados eran altamente ineficaces, hasta el punto de que debilitaban en exceso a los afectados y, en no pocos fallecimientos, el culpable era más el propio tratamiento que la infección bacteriana original. Fleming concluyó que lo más importante era priorizar la limpieza de las heridas, aunque sus recomendaciones, publicadas en la prestigiosa revista científica *The Lancet*, tuvieron poco recorrido, tanto en el ejército como en la comunidad médica.

Después de la guerra, Fleming volvió al Saint Mary's y reanudó tanto sus clases como sus investigaciones. El descubrimiento de la penicilina eclipsaría el resto de su carrera, pero llegó tras media vida de trabajo científico. En 1922, por ejemplo, el escocés había descubierto la lisozima, una proteína abundante en fluidos corporales como las lágrimas, la saliva y los mocos. Dañando la pared celular de ciertas bacterias, la lisozima es una defensa excelente contra las infecciones. Además, fue una primera prueba de la existencia de sustancias totalmente inofensivas para nuestro organismo pero letales para las bacterias.

¿POR QUÉ?

La historia del descubrimiento de la penicilina es bien conocida. En 1928, Fleming tenía diversas placas de Petri con cultivos de estafilococos dorados (*Staphylococcus aureus*), con el objetivo de observar las diferentes mutaciones de esta bacteria común. En una de ellas accidentalmente se formó moho y Fleming observó como la presencia de ese moho provocaba la muerte de las bacterias. Pero lo que a día de hoy continúa sin estar nada claro es cómo llegó ese moho ahí.

Una de las versiones más rocambolescas señala que Fleming habría estornudado de manera accidental encima de las placas de Petri. Aunque los estornudos son un método ideal de propagación de microorganismos, los hongos que forman el moho no acostumbran a formar parte de ellos, así que, de ser cierta esta leyenda, haría falta saber por qué carambola estaban esos hongos en el cuerpo de Fleming. Además, estornudar encima de un material de estudio tan delicado significaría un fallo enorme por parte de un bacteriólogo. Cabe decir que Fleming tenía cierta fama como investigador, los resultados le avalaban, pero a la vez se le consideraba como alguien un poco descuidado tanto en sus anotaciones como en el orden y limpieza del laboratorio. Esto podría explicar la contaminación que dio lugar al hallazgo de la penicilina, aunque continuamos sin conocer la causa exacta.

Una versión muy factible, por su sencillez, es que, simplemente, las esporas llegaron hasta la placa en cuestión entrando a través de la ventana abierta. Era lunes, 3 de septiembre de 1928, el primer día después de las vacaciones de verano. El calor justificaría las ventanas abiertas y, además, Fleming volvía de pasar unos días en Suffolk, así que las placas habrían pasado un tiempo sin supervisión. De hecho, esta es la explicación que dio el mismo Fleming, así que debería ser la correcta, ¿no?

Nada es tan fácil: se trataba de unas ventanas tan altas como inaccesibles, no se podían abrir. ¿Por qué habría dicho eso Fleming, entonces? La posible respuesta nos lleva a la tercera y última opción.

Así como Fleming investigaba infecciones víricas y bacterianas en su laboratorio, en otra planta había un laboratorio micológico, o sea, dedicado al estudio de los hongos. Ese sería el origen más probable de la espora, que habría entrado porque Fleming siempre dejaba la puerta abierta (que, además de demostrar poca atención a la seguridad en un laboratorio donde se trabaja con enfermedades infecciosas, también tiene un punto de lógica si era verano y las ventanas no se podían abrir). De nuevo, ¿por qué Fleming habría preferido atribuir la casualidad a las ventanas? Bien, aunque podríamos entender que hubo un punto de dejadez por su parte en cualquier caso, que las esporas vinieran del exterior y no de otro laboratorio dejaría en mejor lugar al Saint Mary's como institución científica, ya que de lo contrario también se demostraría un problema de seguridad por parte del laboratorio micológico. Y, cuando te están teniendo en cuenta para el Premio Nobel, conviene que tu entorno conserve el máximo prestigio posible.

Sea como fuere, la serendipia que quiso que esa espora se posara exactamente en esa placa de Petri sigue siendo mayúscula. Pero la mayor de las suertes es que quien lo observara fuera Fleming, quien comprendió lo que había ante sus ojos y dio lugar a la revolución que vendría a continuación.

ZUMO DE MOHO

Los estafilococos que estaba estudiando Fleming son los culpables de múltiples infecciones, desde simples dolores de garganta hasta abscesos y forúnculos. Cuando se formó el moho, las colonias bacterianas más cercanas desaparecieron por completo, mientras que las más lejanas seguían intactas, pero sin seguir su crecimiento natural, como si el moho actuara de barrera. Una colonia es una agrupación de bacterias sobre un medio sólido y generalmente se puede ver a simple vista.

Lejos de tomar la muestra por contaminada y descartarla, primero Fleming identificó el hongo: era un *Penicillium notatum*, de aquí surgiría el nombre de la penicilina. En las semanas siguientes, pasó a analizar qué podía haber segregado el hongo que inhibiera el crecimiento bacteriano. A esa sustancia, capaz de matar una amplia gama de bacterias dañinas como estreptococos, meningococos y hasta el bacilo de la difteria, la llamó «zumo de moho». Quizá no sea el nombre más comercial del mundo, pero no podemos negar que es descriptivo.

El objetivo principal era aislar ese «zumo de moho» que finalmente se bautizaría como penicilina. Fleming encomendó esa ardua tarea a sus dos asistentes, Stuart Craddock (1903-1972) y Frederick Ridley (1904-1977), pero en ese momento les supuso una misión imposible. Tan solo lograron preparar disoluciones impuras, aunque suficientes para continuar usándola en las investigaciones básicas de laboratorio. Pero ni hablar de purificarla, estabilizarla o producirla en cantidades suficientes como para poder probarla en animales ni pacientes. Lo que sabe poca gente es que Fleming abandonó el estudio de la penicilina porque carecía de la pericia química para obtenerla pura.

132

Fleming publicó los resultados de esa investigación en la revista *British Journal of Experimental Pathology* más de medio año después, en junio de 1929. Probablemente, lo que más sorprenda hoy en día de ese artículo es el poco hincapié que hace el científico escocés en el potencial beneficio terapéutico de su descubrimiento, destacando mucho más su interesante uso en el laboratorio para los bacteriólogos de la época.

Y es que aunque muchas veces nos pueda parecer que con un descubrimiento científico ya esté todo el trabajo hecho, lo más normal es que suela pasar un tiempo hasta que tenga una repercusión en la sociedad. La penicilina no fue una excepción y todavía tardaría quince años en convertirse en el medicamento universal por el que ha pasado a la historia.

DE OXFORD A BROOKLYN

Después de que Fleming hiciera público su hallazgo, todavía hicieron falta diez años para que despegara el camino que transformaría esa curiosa herramienta de laboratorio que era la penicilina en un fármaco capaz de salvar tantos millones de vidas. Fue en la Escuela de Patología Sir William Dunn de la Universidad de Oxford, gracias al equipo capitaneado por Howard Florey (1898-1968) y Ernst Chain (1906-1979). Era 1939, año en que también estallaría la Segunda Guerra Mundial. Un conflicto que complicaría las investigaciones, pero acabaría siendo la clave para que la penicilina lograra una fama que prevalece en la actualidad.

El principal escollo para Florey y Chain seguía siendo el mismo que el de Fleming y sus asistentes: la dificultad para purificar la penicilina. Para poder plantear ensayos clínicos calcularon que necesitaban producir la ingente cantidad de 500 litros semanales de aquel zumo de moho. Con ese objetivo en mente, empezaron a cultivarlo en los recipientes más variopintos: desde bañeras y orinales hasta bidones de leche y latas de comida. Finalmente, acabaron diseñando un recipiente propio que permitía renovar el caldo del que fermentaba el moho por debajo de la superficie de este. El laboratorio se convirtió en una auténtica fábrica de penicilina, incluyendo un equipo de las llamadas «muchachas de la penicilina» a quienes pagaban la miseria de dos libras a la semana por encargarse del proceso de fermentación en un sótano frío, oscuro, húmedo y con olor a moho.

A continuación, el bioquímico Norman Heatley (1911-2004) era el encargado de separar la penicilina con acetato de amilo, para luego disolverla en agua con un sistema de contracorriente. También contrataron a otro bioquímico, Edward Abraham (1913-1999), para acelerar el proceso. Él fue el encargado de eliminar las impurezas que todavía quedaban en la penicilina gracias a una técnica recién descubierta: la cromatografía en columna de alúmina.

Llegados a este punto, el 25 de mayo de 1940 empezaron las pruebas en ratones. Cincuenta roedores fueron infectados con estreptococos y a la mitad se les dio penicilina. El resultado de la prueba fue rotundo: días después, los que recibieron el antibiótico estaban sanos. El resto, muertos.

Florey, Chain y compañía se dieron cuenta enseguida de las posibilidades que se abrían ante ellos. Con el mundo inmerso en una guerra donde los países del eje parecían llevar ventaja, la penicilina podía suponer un as bajo la manga para las naciones aliadas, que también en el campo farmacológico estaban por detrás de sus enemigos. Los alemanes eran los únicos que tenían un medicamento eficaz contra los microorganismos: las sulfamidas. Tanta era la importancia estratégica que veían los de Oxford en la penicilina que hasta frotaron esporas del hongo en el forro de sus abrigos para que, en caso de que debieran escapar de una eventual invasión de Inglaterra, pudieran luego retomar sus investigaciones donde fuera que huyeran.

Producir la penicilina a gran escala se presentaba como el gran obstáculo a sortear, por lo que Florey contactó con la principal farmacéutica británica. Sin embargo, el interés fue nulo: por un lado, no era un proceso para nada sencillo; por otro, se encontraban inmersos en la producción de otros materiales ya probados y urgentes para las necesidades de la guerra, como vacunas, antitoxinas y plasma sanguíneo.

Así, las investigaciones en Oxford siguieron su curso hasta llegar a una nueva fecha decisiva: el 12 de febrero de 1941 se produjo la primera prueba registrada de la penicilina en un paciente humano. Se trataba de Albert Alexander, de cuarenta y tres años y agente de policía en Wootton, población al norte de Oxford. A partir de un accidente que podría parecer trivial, como era que se rascó un lado de la boca mientras podaba los rosales del jardín de la comisaría, Alexander había desarrollado una grave infección que le provocaba grandes abscesos purulentos en los ojos. En el primer hospital donde lo ingresaron solo podían tratarlo con sulfamidas, pero la infección empeoró, extendiéndose hasta los pulmones. De nuevo, la casualidad entró en escena y quiso que Florey y Chain se enteraran del caso durante una cena. Propusieron a los médicos de Alexander tratarle con su penicilina purificada y estos aceptaron. Después de cinco días de inyecciones, el agente mejoró de manera notable, pero las dificultades para producir el antibiótico hicieron que se acabaran antes las existencias que el tratamiento. En ese momento, conseguir la penicilina suficiente para un solo paciente requería de 2 000 litros de líquido de cultivo de moho. Alexander recayó y acabó muriendo el 15 de marzo, pero le seguirían nuevos pacientes con los que cada vez se obtendrían mejores resultados.

Paralelamente a los ensayos clínicos, en verano de 1941 Florey y Heatley viajaron a Estados Unidos para intentar convencer a la industria farmacéutica del país, que todavía no había entrado en la guerra, de producir penicilina a gran escala. La expedición fue financiada por la Fundación Rockefeller y, una vez cruzado el Atlántico, John Fulton (1899-1960), un neurofisiólogo de la Universidad de Yale que había estudiado en Oxford, les facilitó diversos contactos.

La respuesta la obtuvieron por parte de Orville E. May (1901-1981), director del Northern Regional Research Laboratory (NRRL) de Peoria, Illinois, donde tenían una gran experiencia en fermentación (aunque fuera por utilizar una planta que se había dedicado a la producción de whisky antes de la ley seca). May se comprometió a implementar un programa de mejora de la producción de penicilina, bajo la dirección de Robert DeWolf

Coghill (1901-1997), responsable de la división de fermentación del laboratorio. Heatley se quedó en Peoria para colaborar con los estadounidenses y, en pocas semanas, lograron un avance destacado. En concreto, el microbiólogo Andrew Moyer (1899-1959) consiguió aumentar significativamente la producción de penicilina sustituyendo la sacarosa que los británicos utilizaban como medio de cultivo por la lactosa. Pero no se quedó aquí: Moyer lograría multiplicar por diez el rendimiento de los cultivos añadiendo, a medio proceso de fermentación, sirope de maíz, una sustancia con la que hacía tiempo que experimentaba. Con estos y otros avances, como la utilización de ácido fenilacético y la aplicación del cultivo sumergido, la producción de la penicilina consiguió la eficiencia que había faltado para salvar al agente Alexander. La mejora del proceso también requirió cambiar la cepa de *Penicillium* utilizada. Aunque probaron con moho proveniente de todo el mundo, la más productiva acabó siendo una de lo que hoy llamaríamos kilómetro cero: una variedad encontrada en un melón mohoso del mismo mercado de fruta de Peoria. Los investigadores del NRRL mejoraron la llamada «cepa melón» mutándola con rayos X y ultravioleta. Ahora la penicilina tenía una productividad mucho mayor.

Y mientras con estas grandes mejoras en los métodos de producción de la penicilina Heatley comprobaba en Peoria el acierto que había sido viajar a Estados Unidos, Florey intentaba convencer a las farmacéuticas estadounidenses para que se encargaran de producirla y distribuirla comercialmente. Esta fue, precisamente, la tarea más complicada.

Cuatro grandes farmacéuticas habían realizado estudios preliminares con la penicilina: Merck, Squibb, Lilly y Pfizer, pero ninguna tenía un interés demasiado inmediato en el producto. Florey recurrió a otro viejo conocido, Alfred Newton Richards (1876-1966), vicepresidente de asuntos médicos de la Universidad de Pensilvania y presidente del Comité de Investigación Médica de la Oficina de Investigación Científica y Desarrollo de Estados Unidos. Este organismo se había creado en junio de 1941 para facilitar la investigación científica y médica que pudiera contribuir a la defensa nacional. Richards medió entre el gobierno y las cuatro farmacéuticas ya nombradas en una primera reunión en Washington el 8 de octubre de 1941, a la que siguió una segunda en Nueva York el 17 de diciembre del mismo año. La gran diferencia entre las dos fechas fue que el segundo encuentro se produjo tan solo diez días después del ataque japonés a Pearl Harbor y, por consiguiente, con Estados Unidos ya participando en la Segunda Guerra Mundial.

La posibilidad de contribuir en los esfuerzos nacionales para la guerra, la ayuda del gobierno y los avances conseguidos por Coghill en Peoria terminaron por convencer a las farmacéuticas. El acuerdo de colaboración para el desarrollo de la penicilina con Merck y Squibb se firmaría en febrero de 1942 y, al mes siguiente, la producción era suficiente como para tratar a la primera paciente estadounidense.

Se trataba de Anne Miller, de treinta y tres años y vecina de New Haven, Connecticut. Después de un embarazo fallido había desarrollado una septicemia hemolítica causada por estreptococos que la ponía en peligro de muerte. El 14 de marzo se le inoculó la primera dosis de penicilina. Al día siguiente ya había desaparecido la fiebre. El tratamiento le salvó la vida y, de hecho, vivió hasta los noventa años.

Con Miller se gastó la mitad de toda la penicilina producida hasta entonces en Estados Unidos, pero con la ayuda de las farmacéuticas esta no hacía más que crecer. Así, gracias a Merck, en junio de 1942 ya había suficiente para tratar hasta a 10 pacientes simultáneamente. Como la penicilina seguía valiendo su peso en oro, también se empezó a reaprovecharla de los mismos pacientes. Al ser una sustancia que el cuerpo elimina rápidamente por vía renal, se recolectaba la orina de los pacientes para purificar y reutilizar el antibiótico.

Mientras la planta piloto de Merck ya producía centenares de litros de cultivo de penicilina a la semana, en septiembre de 1942 Pfizer también se añadió al proyecto. En diciembre, Heatley se sumó al personal de investigación de Merck.

En Reino Unido, el gobierno creó un Comité General de la Penicilina al cual dotó de distintas fábricas de quesos, gomas y piensos para fabricar el medicamento. Pero, en un país entonces rodeado por submarinos y aviones alemanes, la escasez era la norma, así que por ejemplo la lactosa ahora necesaria para cultivar penicilina se la disputaban con los productores de otro producto esencial: las fórmulas lácteas para biberones.

Como era de esperar en pleno contexto bélico, las primeras pruebas a gran escala de la efectividad de la penicilina tuvieron lugar en el frente. Concretamente, en el norte de África, en la campaña contra las tropas de Rommel. Los resultados fueron, una vez más, rotundos. Soldados a los que sin la penicilina las heridas habrían obligado a amputarles las piernas, podían volver a caminar con sus extremidades intactas después del tratamiento con el nuevo medicamento. Otro dato contundente: en la Primera Guerra Mundial, las muertes de soldados causadas por neumonías significaron el 18 % del total; en la Segunda, el 1 %. La comparación habla por sí misma.

El valor militar de la penicilina era cada vez más evidente. En 1943, la Junta de Producción de Guerra de Estados Unidos investigó 175 empresas, de las cuales seleccionó 21 para producir penicilina a una escala suficiente para la esperada operación en Europa que empezaría con el desembarco de Normandía. La prioridad en el uso de la penicilina era claramente militar, aunque sus exitosos resultados empezaban a llegar al gran público, que también demandaba esta nueva droga milagrosa para todo tipo de tratamientos.

Estados Unidos pasó de producir 21 000 millones de unidades de penicilina en 1943 a 1,7 billones en 1944. Este espectacular crecimiento fue gracias a la también espectacular mejora de la rentabilidad de la producción: lo que había empezado con frascos de un litro de los cuales se obtenía un rendimiento del 1 %, había pasado a tanques con capacidad para 38 000 litros que conseguían un rendimiento de entre el 80 % y el 90 %. Los esfuerzos de las distintas farmacéuticas implicadas ya veían sus frutos.

El 1 de marzo de 1944, Pfizer abría en Brooklyn la primera planta comercial para producir penicilina a gran escala con el método del cultivo sumergido que acabaría imponiéndose. El interés de Pfizer era también personal, ya que la hija del presidente había fallecido precisamente por culpa de una infección.

De Oxford a Brooklyn, desde los primeros intentos de Chain y Florey para tan solo purificar la sustancia, habían pasado cuatro años. Faltaban poco más de tres meses para el día D.

MÁS ALLÁ DE LA GUERRA

La mañana del 6 de junio de 1944, las tropas aliadas iniciaron con el desembarco en las playas de Normandía la operación que cambiaría el curso de la Segunda Guerra Mundial. La penicilina sería una de las principales armas que asegurarían el éxito de la intervención y, su eficiencia, celebrada sin ningún tipo de discusión. Además de su uso en el campo de batalla para tratar las heridas de los soldados, la penicilina se instauró también como el principal tratamiento contra la sífilis en los ejércitos estadounidense y británico.

Mientras el uso de la penicilina se extendía en el bando aliado, las naciones del eje más bien la ignoraban. Los alemanes se sentían seguros con sus sulfamidas, un producto propio del que se enorgullecían y con el que se enriquecían. Y no es que desconocieran el nuevo y revolucionario antibiótico: el mismo Fleming había mandado muestras del hongo a diversos colegas alemanes antes de la llegada de Hitler al poder en 1933. Además, en la literatura científica alemana se habían publicado diversos artículos acerca de la penicilina.

Por su parte, en un principio los japoneses sí tuvieron un interés por desarrollar la penicilina. Tras estudiar artículos científicos sobre el nuevo medicamento, intentaron replicarlo. Aunque lo intentaron cultivando alrededor de 750 cepas, solo algunas les generaron algo de penicilina, así que llegaron a pensar que la penicilina tan solo era una maniobra de propaganda aliada. Cuando finalmente consiguieron producir algo de penicilina, las bombas de Hiroshima y Nagasaki precipitaron la rendición nipona.

En Reino Unido, las investigaciones referentes a la penicilina todavía seguían. Chain y Abraham intentaban determinar la estructura molecular de la sustancia. Lo consiguieron en 1945 gracias a la ayuda del trabajo cristalográfico de rayos X de la química Dorothy Crowfoot Hodgkin (1910-1994), también profesora en Oxford y que ganaría el Nobel de Química en 1964 por determinar la estructura de multitud de sustancias biológicas gracias a los rayos X. Aunque los prestigiosos galardones se concedían desde 1901, tan solo fue la tercera mujer en conseguir un Nobel, después de Marie Curie e Irène Joliot-Curie. Pero, volviendo a 1945, ese año la penicilina fue precisamente el motivo del Premio Nobel de Medicina y Fisiología. Recayó en Fleming, Florey y Chain, el máximo número de personas a las que se puede galardonar con el mismo Nobel.

Y es que, en la ciencia, raramente un avance importante es obra de una sola persona. Como hemos visto, Fleming fue el descubridor casual de la penicilina, incluso quien insinuó su uso como medicamento. Pero en el desarrollo que llevó hasta el uso extendido de la penicilina como el primer antibiótico moderno participaron muchos más investigadores. El papel pionero de quien da el primer paso siempre tiene una importancia capital, pero la admiración que pueda generar no debe menospreciar el papel de todos los que colaboraron después. De hecho, hasta circularon falsas leyendas en torno a Fleming. Una de ellas, le daba el mérito de haber salvado la vida al primer ministro británico Winston Churchill en 1943. Aunque es cierto que Churchill sufrió una grave infección ese mismo año, en aquel momento el uso de la penicilina era todavía experimental. A Churchill se le trató de la única manera posible: con sulfamidas. Posiblemente, la historia de que Fleming le salvó la vida con la penicilina empezó a circular porque resultaba más patriótica que la realidad, donde se había utilizado el remedio por excelencia de los alemanes.

El Premio Nobel de 1945 acabó de coronar la fama de Fleming como primer responsable de la penicilina. Aunque, seguramente, lo más importante que ocurrió con la penicilina en 1945 no fue el famoso premio de la academia sueca, sino que

140

por fin empezó a distribuirse en farmacias. Fue el 15 de marzo en Estados Unidos, donde la producción ya era de 6,8 billones de unidades anuales. Las farmacias de Reino Unido empezarían a vender la penicilina con receta el 1 de junio de 1946.

Aun así, durante los años finales de la Segunda Guerra Mundial y los primeros de la posguerra, la penicilina seguía siendo un bien escaso. O, al menos, lo suficiente como para ser un artículo de los más buscados en el mercado negro, como retrata la magnífica película *El tercer hombre*, dirigida por Carol Reed y escrita por Graham Greene, Alexander Korda y Orson Welles. No obstante, cuando se estrenó el largometraje, en 1949, la producción estadounidense de penicilina había alcanzado ya los 133 billones de unidades. Con un coste de fabricación inferior a los 10 centavos por cada 100 000 unidades (lo que en 1943 eran 20 dólares), el mercado negro derivó su atención hacia mercancías más rentables.

CURIOSIDADES

Antes del descubrimiento de la penicilina ya se conocían algunos compuestos para matar o inhibir bacterias: ¡hasta los antiguos egipcios aplicaban pan mohoso a las heridas infectadas! Pero la penicilina marcó un antes y un después en la historia de la medicina y de la salud pública. Antes del *serendípico* hallazgo, las infecciones bacterianas, incluso las más leves, podían llegar a convertirse en graves problemas de salud que provocaran incluso la muerte en muchísimos casos.

Hoy en día sabemos que el mecanismo de acción de la penicilina es bactericida, esto es, que destruye a las bacterias. La molécula de penicilina, de la familia de los betalactámicos, interfiere en la última etapa de la síntesis de la pared celular bacteriana, uniéndose a la proteína enzimática transpeptidasa. Como resultado, la pared celular bacteriana se debilita y pierde el poder para mantener la estructura de la bacteria. El resultado final de este mecanismo de acción es que la bacteria acaba rompiéndose en diferentes partes que pueden ser eliminadas con facilidad por el sistema inmunológico del huésped.

Además de su eficacia terapéutica y su amplio espectro, la penicilina tiene una baja toxicidad, ya que actúa sobre la pared celular del microorganismo, una estructura que no está presente en nuestras células eucariotas.

Sin embargo, no todo son buenas noticias. En los últimos años ha aparecido un fenómeno no deseado que amenaza a esa calidad de vida que hemos ganado gracias a la penicilina y los antibióticos en general. Los médicos y científicos llevan ya años advirtiendo de la que podría ser la próxima pandemia. Se trata de la resistencia bacteriana a los antibióticos. Y es que, a lo largo de las décadas, ciertas bacterias han ido desarrollando la capacidad de resistir los efectos de algunos antibióticos, reduciendo así la eficacia de estos medicamentos.

La causa principal de este hecho se atribuye al uso excesivo e inapropiado de los antibióticos por parte tanto de los facultativos como de la ciudadanía, cuando estos medicamentos se utilizan de manera innecesaria o no se cumplen los ciclos marcados por los profesionales. Esto provoca que las bacterias puedan llegar a desarrollar mecanismos de supervivencia que les permitan volver a aparecer.

Pero es que, además, las bacterias tienen la capacidad de poder intercambiar material genético entre ellas y, entre este material, también se incluyen los genes encargados de la resistencia a los antibióticos. Es decir, que las bacterias resistentes pueden transmitir esas nuevas propiedades a otras bacterias. Se trata de un problema muy grave que requiere de acción a nivel mundial y la colaboración de todos: gobiernos, profesionales de la salud, científicos y ciudadanos particulares. Las infecciones causadas por bacterias resistentes son muy difíciles de tratar, en muchos casos, imposibles. Tal como ocurría antes de la penicilina.

Y la alarma no es gratuita. Según el estudio SEIMC-BMR 2023 de la Sociedad Española de Enfermedades Infecciosas y Microbiología Clínica (SEIMC), en 2023 fallecieron en España 23 303 personas durante los 30 días siguientes a haber sido diagnosticadas con una infección por bacterias multirresistentes.

Para hacernos una idea más clara de la magnitud de esa cifra, estamos hablando que las víctimas mortales por este motivo son más de veinte veces las fallecidas en accidente de tráfico del mismo año, que, según la DGT, fueron 1 145. El mismo estudio determina que en 2023 en España se produjeron un total de 150 000 infecciones causadas por bacterias multirresistentes. Aunque la más frecuente es la infección urinaria, la de mayor mortalidad es la neumonía. A nivel mundial y según datos de 2019, 5 millones de muertes tuvieron alguna relación con la multirresistencia bacteriana, siendo 1,27 millones directamente causadas por ella. Es por este motivo que la Organización Mundial de la Salud considera este problema una de las diez amenazas más graves para la salud pública del planeta.

La situación nos obliga a promover el uso responsable de antibióticos, a la vez que hacer diagnósticos precisos de enfermedades que permitan recetar un antibiótico adecuado y específico en cada caso. Muchas son ya las investigaciones que hay en marcha para hallar nuevos antibióticos efectivos.

De hecho, el mismo Fleming ya advirtió en su discurso de aceptación del Premio Nobel de Medicina en 1945 que, si no usábamos los antibióticos de manera adecuada, las bacterias se harían resistentes y estos dejarían de ser efectivos. Pero parece que no le hemos hecho mucho caso: la prescripción indiscriminada de antibióticos en salud humana y animal cuando no son necesarios, así como el mal uso de los mismos por las personas a las que se les recetó, han favorecido a lo largo de las últimas décadas la selección de bacterias resistentes.

¿Cómo ocurre este proceso? Un ejemplo claro es su mal uso durante la gripe. La gripe es una enfermedad vírica, por lo que el desconocimiento nos puede hacer pensar que un antibiótico nos curará, cuando los antibióticos solo funcionan ante bacterias, nunca con virus. Esta administración no solo no nos hará sentir mejor, sino que se destruirán una amplia variedad de bacterias en nuestro cuerpo, incluso esas «buenas» que nos ayudan a digerir los alimentos y combatir infecciones. Las bacterias que son suficientemente fuertes como para sobrevivir al ataque de los antibióticos crecerán y se multiplicarán creando cepas que serán resistentes a los medicamentos. Estas cepas son las que en el futuro nos pueden dar serios problemas, ya que, no solo se pueden propagar, sino que también pueden compartir sus rasgos resistentes con otras bacterias.

Los científicos están trabajando desde hace años en encontrar nuevos medicamentos para acabar con las superbacterias, pero la tarea no está siendo nada fácil. ¿Tendrá que aparecer una nueva penicilina?

10

EL VELCRO (1941)

El dicho popular «la naturaleza es sabia» es una manera acientífica de afirmar algo que en realidad la ciencia tiene más que estudiado: desde que apareció la vida en la Tierra, hace entre 3 900 y 3 800 millones de años, esta no ha hecho más que evolucionar, encontrando los más diversos mecanismos para la supervivencia. Como precisamente los sistemas que sobreviven son los que funcionan, millones de años de evolución han dado lugar a técnicas de una eficacia más que probada. De aquí que exista una disciplina conocida como biomímesis (también biomimética o biomimetismo), consistente en estudiar la naturaleza para resolver problemas humanos imitándola. Es el caso, por ejemplo, de las investigaciones para intentar replicar el «efecto loto»: la conocida planta asiática está permanentemente limpia gracias a una superficie altamente hidrofóbica. La ciencia ha intentado reproducir este fenómeno para conseguir materiales de construcción que se mantengan permanentemente limpios, aunque de momento el éxito ha sido relativo. Pero otro fruto de la biomímesis que sí ha probado con creces su efectividad es el que ahora nos ocupa: el velcro.

QUE LA INSPIRACIÓN TE PILLE TRABAJANDO

Pablo Picasso (1881-1973) aseguraba que la inspiración era algo que existía, pero que para que te encontrara debías estar trabajando. De esta manera, el pintor daba valor a talento y trabajo por igual. Al protagonista de nuestra historia, la inspiración le llegó mientras desarrollaba una actividad mucho más casual, no trabajando, lo que no quita ni que tuviera el talento para reconocer esa inspiración ni que trabajara duro para convertir su idea en realidad.

George de Mestral fue un ingeniero suizo nacido en 1907 en el castillo de Saint-Saphorin-sur-Monges. Se trata de una gran propiedad vitivinícola situada en la pequeña población del mismo nombre, diez minutos al norte del lago Lemán, y propiedad de la familia De Mestral. George ya demostró tener madera de inventor a los doce años, al crear y patentar un avión de juguete de madera. Estudió ingeniería eléctrica en el Instituto Federal de Tecnología de Lausana y empezó a trabajar en una empresa de ingeniería.

En 1941 es cuando culminó la cadena de casualidades que marcaría la vida de Mestral. Tenía un perro como podría haber tenido un gato, pero la suerte quiso que prefiriera a los cánidos. Lo sacaba a pasear por el bosque, aunque podría haber vivido en un entorno mucho más urbano que como máximo le permitiera visitar plazas y parques, pero tampoco era así.

Este hecho aparentemente trivial de pasear el perro por el bosque provocaba a De Mestral una pequeña molestia que quizá también hayas vivido alguna vez caminando por la naturaleza: las inflorescencias de la bardana, una planta del género *arctium* similar al cardo, se adherían sin remedio al pelo del perro y al tejido de los pantalones y los calcetines de Mestral. Desenganchar esas pequeñas bolas puntiagudas resultaba un engorro, especialmente en las que se enredaban en el pelaje del perro, pues se debía ir con cuidado de no hacerle daño al animal.

¿Cómo lo hacían esas diminutas inflorescencias para adherirse con tanta facilidad y que, en cambio, luego fuera tan trabajoso quitarlas? Pues la duda le llevó a De Mestral a observar

146

ASC

Ejemplar de bardana.

una de ellas al microscopio. Allí descubrió que estaba recubierta de miles de pequeños ganchos que eran capaces de agarrarse con suma eficiencia a prácticamente cualquier tejido. Si esa curiosidad científica del ingeniero suizo ya fue un primer paso que seguramente no había dado ninguna otra «víctima» de la bardana, en su mente irrumpió una idea que le llevaría a ir todavía más allá: ¿sería posible reproducir ese mecanismo con algún tejido sintético? De Mestral pensaba que sería una nueva manera de abrochar cualquier prenda, superando en comodidad métodos más tradicionales, como los botones, y más modernos, como las cremalleras.

El objetivo, pues, era conseguir dos tiras de tejidos distintos que permitieran una fácil unión, pero también separación. Una debía imitar los minúsculos ganchos de la bardana y la otra formarse por unos lazos que facilitaran la adhesión. Pero pensarlo y conseguirlo eran dos cosas muy diferentes.

Millones de años en una década

George de Mestral se puso manos a la obra y empezó a trabajar en el desarrollo de un proceso mecánico que permitiera reproducir con fibras textiles un mecanismo similar al de la bardana. No solamente era un reto complejo, sino que, además, al principio nadie se tomó en serio la idea. Hasta se reían de él.

De Mestral no se dejó desanimar y realizó sus primeras pruebas en la ciudad francesa de Lyon, toda una referencia en la producción de tejidos. Allí, un tejedor le ayudó a diseñar un primer prototipo, basado en el algodón.

Desgraciadamente, ese primer intento no era práctico: el algodón se deterioraba con mucha rapidez, de manera que no era un material válido para conseguir un sistema de enganche duradero. De Mestral lo intentó entonces con el nailon, un tejido sintético altamente resistente inventado en 1935 por Wallace Carothers (1896-1937), un químico orgánico de renombre mundial educado en Harvard. Experimentando con este nuevo material, descubrió que al tratar sus hilos bajo el calor de una luz infrarroja, tomaba la anhelada forma de gancho que estaba intentando emular. El problema era conseguir un proceso mecánico de producción que le permitiera conseguir unos trescientos ganchos por pulgada cuadrada. La solución llegó desde el otro lado del velcro: si cortaba la parte superior de los bucles o lazos donde debían agarrarse los ganchos... ¡el resultado eran ganchos!

Todo este proceso le costó a George de Mestral prácticamente una década de investigaciones. Sin duda, muchísimas horas de trabajo, pero poca cosa en comparación a los millones de años de evolución que le llevó a la naturaleza alcanzar el diseño original que el suizo luchaba por copiar. Las plantas habían llegado a desarrollar ese sistema de gancho y bucle como método para polinizar sus flores y dispersar sus semillas a costa de los animales que, inconscientemente, las trasladan de un lugar a otro ancladas en su pelaje. Ahora, De Mestral pretendía revolucionar la industria de la moda con este ejemplo de biomímesis.

La solicitud de patente fue presentada en Suiza en 1951. La aceptación se emitió el 16 de marzo de 1954. De Mestral decidió registrar su invento con el nombre comercial de Velcro®, un acrónimo de dos palabras francesas: *velours*, que significa terciopelo, y *crochet*, que es gancho. Así, fundó la empresa del mismo nombre con el objetivo de fabricar y comercializar el invento tanto en Europa como en Estados Unidos.

Pero aunque De Mestral seguía convencido que su creación sería un éxito, la recepción inicial por parte del mundo de la moda fue más bien fría. Aunque como sistema de cierre era práctico y efectivo, la estética no era su mayor virtud. Su popularización tendría que llegar desde más allá de la Tierra.

¿UN INVENTO EXTRATERRESTRE?

En la película de 1997 *Men in black*, una organización secreta se dedica a vigilar y supervisar la actividad extraterrestre en la Tierra para que pase desapercibida para la población. Will Smith (1968) encarna a un policía que, al descubrir todo el tinglado, es reclutado como nuevo agente de la organización. Durante su instrucción, el que será su compañero y mentor, interpretado por Tommy Lee Jones (1946), le informa de que los Hombres de Negro financian sus actividades gracias a los ingresos derivados de patentar en la Tierra tecnología extraterrestre, poniendo el velcro como uno de los ejemplos.

El recurso no era nuevo: la veterana serie televisiva de ciencia ficción *Star Trek*, estrenada en 1966, ya había atribuido al velcro un origen extraterrestre. En concreto, según el *lore* de la serie, los humanos habían recibido esta tecnología de los vulcanianos, la raza de orejas puntiagudas de la cual proviene el popular señor Spock.

¿Por qué esta recurrencia con atribuir un origen extraterrestre a algo tan terrícola como el velcro, que no hacía sino imitar el mecanismo de reproducción de una planta de nuestro planeta? Pues, seguramente, porque el éxito de esta tecnología sí llegó desde más allá de la atmósfera terrestre.

Como hemos visto, el sector de la moda no dio al velcro la calurosa bienvenida con la que contaba George de Mestral. Pero

149

ASC

Traje espacial de la NASA en el que se ha hecho uso de velcro.

150

sí lo hizo la NASA durante la preparación de la primera expedición tripulada a la Luna. La agencia espacial estadounidense se dirigió directamente a la compañía productora del velcro para pedir soporte en el diseño de distintos sistemas de cierre. La durabilidad, sencillez y facilidad de uso de este sistema de bucle y gancho lo convertía en ideal tanto para la gravedad cero como para las extremas condiciones ambientales del espacio.

Así, la NASA acabó utilizando el velcro para fijar distintos instrumentos a los trajes espaciales, como tubos de alimentación, los anclajes de las botas, las correas para los relojes... ¡Hasta en el interior de los cascos había una cinta de velcro para que los astronautas pudieran rascarse la nariz! También se usó el velcro para fijar instrumentos y herramientas en el interior de la nave, así como sus escudos térmicos. En total, se calcula que había un total de dos metros cuadrados de velcro en el interior y exterior del Apolo 11 y sus módulos lunares. Todo esto puede comprobarse en la exposición del Museo Nacional del Aire y el Espacio en Washington D. C., aunque también hay algunos de estos elementos que han acabado en colecciones privadas. Es el caso del reloj de pulsera con correa de velcro que llevaba el comandante de la misión Apolo 15, David Scott, mientras caminaba sobre la Luna en 1972. Se vendió en una subasta por 1,2 millones de euros.

La fama que ganó el velcro con las misiones espaciales le permitió, en un primer momento, que también lo adoptaran equipamientos deportivos como las vestimentas de buceadores y esquiadores. Su popularización se extendió, entonces, a todo el mundo y en todo tipo de elementos. También contribuyó a este hecho que en 1978, a pesar de los intentos frustrados de De Mestral por renovarla, expirara la patente, sumándose nuevas empresas a la producción de los sistemas de gancho y bucle.

Igualmente, George de Mestral se hizo millonario gracias a la invención del velcro. Una tecnología que ya existía en la naturaleza, que tardó una década en implementar y prácticamente otras dos más en conseguir el éxito que esperaba. Pero que nunca habría sido posible de no ser por un hecho tan casual como que este ingeniero suizo tuviera un perro.

151

CURIOSIDADES

La historia de Wallace Carothers, el inventor de la fibra usada para desarrollar el velcro, el nailon, no es una historia agradable ni con un final feliz como el de casos anteriores donde hemos visto gente haciéndose rica o recibiendo numerosos premios.

El nailon es una fibra textil elástica y muy resistente, formada por un polímero sintético que pertenece al grupo de las poliamidas y que, entre otras características ventajosas, no precisa planchado. Se ha usado en la confección de medias, sedales, cremalleras, redes de pesca, etc.

Las medias de nailon eran baratas, finas y mucho más duraderas que las de seda y en su lanzamiento en Estados Unidos, en 1940, se vendieron a un ritmo de 4 millones de pares al día. Este éxito se vio interrumpido en 1942 por otra aplicación del nailon: la producción de este material se centró en proveer a la industria militar para hacer frente a la Segunda Guerra Mundial. Paracaídas, cuerdas para remolque de planeadores, tanques de combustible para aviones, chalecos antibalas, cordones de zapatos, hamacas… Un sinfín de suministros bélicos fueron hechos de nailon, motivo por el que se acabó popularizando que este material era «la fibra que ganó la guerra».

El nailon había sido desarrollado en la fábrica DuPont a mediados de la década de 1930; de hecho, sintetizado por primera vez el 28 de febrero de 1935, por Wallace Carothers, un químico orgánico de renombre mundial educado en Harvard y nacido en Burlington (Iowa) en 1896. En ese momento, aunque los materiales sintéticos no eran totalmente nuevos, pues ya existían semisintéticos como el rayón y el celofán, ninguna fibra útil se había sintetizado por completo en un laboratorio.

El nailon, en cambio, fue fabricado a través de la manipulación humana de nada más que «carbón, aire y agua», tres ingredientes que se convirtieron prácticamente en un eslogan que sus promotores no se cansaban de repetir.

El nombre de nailon tiene un origen curioso. Como la primera aplicación para la que fue pensado era sustituir la seda para las medias, se pensó en bautizarlo como *no-run*, indicando que no se hacían carreras. Pero como enseguida se comprobó que esto tampoco era del todo cierto, los responsables de DuPont optaron por simplemente cambiar el orden de las vocales y llamarlo nuron, aprovechando que de esta manera compartiría el sufijo de otros materiales textiles como el algodón y el rayón. Pero como nuron les sonaba un poco a medicamento para los nervios, finalmente los responsables de la marca decidieron cambiar un par de letras para buscar una mejor sonoridad y acabaron dejándolo en *nylon*, adaptado al castellano como «nailon» por la pronunciación. En el mundo angloparlante es popular la leyenda de que *nylon* proviene de las iniciales de Nueva York y el inicio de Londres, como para recalcar un espíritu cosmopolita del nuevo material, pero la historia real ya hemos visto que fue menos mágica y más pragmática. En cualquier caso, Wallace Carothers no pudo disfrutar ni de lo bueno que aportó el nailon al mundo ni tampoco lo malo. A pesar de tener más de 50 patentes a su nombre en 1937, Carothers sufría de depresión, impidiéndole así celebrar el éxito de su invento. Carothers dudaba de su aptitud como químico, se sentía estancado en el mundo de la química y el hecho de que sus primeros prototipos de superpolímeros fueran un fracaso le hacían estar en un estado de desolación. De hecho, dos años después del descubrimiento, se quitó la vida un 29 de abril de 1937, a la edad de cuarenta y un años, con un cóctel de sustancias químicas en un hotel en Filadelfia. Gracias a sus conocimientos, sabía perfectamente que combinación usar para una muerte rápida.

Pero no solo le atormentaban sus preocupaciones en el mundo laboral. Carothers también tuvo problemas personales: mantenía un romance con una mujer casada, una relación que sus padres no aprobaban ni cuando ella se divorció. También se preocupaba en exceso de los problemas financieros de sus padres, con los que tenía una relación bastante tensa.

Aun así, según la biografía de Carothers publicada por la Academia Nacional de Ciencias en 1939: «Sus contribuciones a la química orgánica fueron reconocidas como sobresalientes y, a pesar del lapso de tiempo relativamente corto para sus logros productivos, se convirtió en un líder en su campo con una reputación internacional envidiable». Otra prueba palmaria de su éxito se encuentra todavía hoy en la Luna: la bandera estadounidense que dejó Neil Armstrong cuando en 1969 se convirtió en el primer humano en pisar el satélite está hecha precisamente de nailon.

En resumen, el padre del nailon, material que entre muchos otros logros fue clave para la invención posterior del velcro, tuvo una carrera científica tan brillante (en 1936 se convirtió en el primer químico orgánico industrial en ser aceptado en la Academia Nacional de Ciencias de Estados Unidos), como fugaz.

11

EL SUPERPEGAMENTO (1942)

La utilidad de un producto depende mucho más de la necesidad que tengamos de él que de sus propias cualidades. Las llaves de casa son imprescindibles para entrar en nuestro domicilio sin tener que avisar (y pagar mucho dinero) a un cerrajero, pero de nada nos servirán si lo que necesitamos es resguardarnos de la lluvia, de la misma manera que ese paraguas que era tan útil bajo la lluvia cuando nos hemos ido a trabajar se ha convertido en un objeto susceptible de ser olvidado en cualquier sitio cuando al volver a casa ya brillaba el sol.

Esta es la breve historia de un invento que era completamente inútil para lo que su autor estaba buscando, pero que en cambio era tan eficaz en otro campo que, a día de hoy, es un habitual en los hogares de medio mundo.

LA GUERRA, SIEMPRE LA GUERRA

Nuestro protagonista es el estadounidense Harry Wesley Coover hijo, nacido el 6 de marzo de 1917 en Newark, una ciudad del estado de Delaware situada a cincuenta minutos al suroeste de Filadelfia. Coover se licenció en Química en el Hobart College del estado de Nueva York, para luego obtener su máster y su doctorado en Química Orgánica en la Universidad de Cornell. Ambos son centros privados.

Una vez doctorado, Coover empezó a trabajar en Eastman Kodak, la importante empresa de fotografía que hoy conocemos simplemente como Kodak. Y aunque en la era analógica la química era imprescindible para una empresa de fotografía, las funciones de Coover estuvieron marcadas por la guerra. Son muchos los ejemplos de descubrimientos que se han hecho con objetivos militares y con el tiempo se han ido integrando en la vida cotidiana. Este es, en parte, otro triste caso de cómo parece ser que los intereses bélicos tienen mucho más fácil financiar investigaciones científicas que otros objetivos mucho menos lesivos para la humanidad.

Con la entrada en la Segunda Guerra Mundial tras el ataque a Pearl Harbor de 1941, el Gobierno de Estados Unidos había contratado a Eastern Kodak para que desarrollara investigaciones sobre óptica aplicadas en el ámbito militar. A Coover y su equipo, pues, les tocó trabajar con el objetivo de producir nuevas miras transparentes para las armas de fuego. Esto les dio la oportunidad de realizar experimentos con polímeros, grandes estructuras moleculares construidas a partir de otras más pequeñas llamadas monómeros. Trabajando con un tipo de polímeros llamados acrilatos, Coover y compañía se toparon con un compuesto destinado a la pila de los descartes: el cianoacrilato de metilo. Este compuesto se adhería a cualquier superficie con el mínimo contacto, lo que lo hacía muy engorroso y totalmente inútil para el objetivo de fabricar mirillas para armas. Aunque Coover vio allí un potencial para un uso totalmente distinto como era el de pegamento, su patente fue rechazada y la idea quedó guardada en un cajón.

Pero la historia es cíclica y tras la conclusión de la Segunda Guerra Mundial no tardó en llegar otro conflicto armado. La guerra de Corea estalló en 1950 y de nuevo al equipo de Coover le encargaron investigar con objetivos militares. Y, otra vez, volvieron a experimentar con el cianoacrilato de metilo. En esta ocasión, buscaban un material que sirviera como revestimiento para las cabinas de los aviones de combate, pero la historia volvió a repetirse: el cianoacrilato resultaba demasiado pegajoso y adherente.

Y es que uno de los asistentes de Coover, llamado Fred Joyner, estaba haciendo pruebas con el cianoacrilato, concretamente intentando medir cómo influía en la luz al pasar a través de él. Al hacerlo, dejó inservible el refractómetro del laboratorio, un utensilio utilizado precisamente para medir cómo se propaga la luz a través de un medio y que se caracteriza también por no ser especialmente económico: valía 3 000 dólares de la época. La experiencia, pues, podría calificarse nuevamente de fracaso. Sin embargo, en lugar de amonestar a Joyner por el estropicio, Coover vio con aún más certeza que lo que para la aviación había sido una decepción podía ser un gran éxito si se aprovechaba como pegamento. Así que insistió con su idea de aprovechar como virtudes los defectos que les presentaba el cianoacrilato.

UN PRODUCTO SÚPER

Todavía costó algunos años conseguirlo, pero esta vez Coover logró que finalmente le aceptaran la patente. El superpegamento salió a la venta en 1958 bajo el nombre comercial de Eastman 910. El motivo era simplemente que cuando Joyner arruinó el refractómetro era la sustancia número 910 con la que hacían pruebas.

Como pegamento, se trataba de un producto revolucionario: para pegar los objetos entre sí no necesitaba ningún tipo de calor ni presión. El secreto está en que se activa al entrar en contacto con cantidades insignificantes de agua, lo que hace suficiente la humedad que de forma natural cubre cualquier objeto. Los electrones presentes en las moléculas de agua afectan a las uniones de los dos átomos de carbono del cianoacrilato de metilo, convirtiéndose en un gancho de dos cabezas capaz de enlazar otras moléculas. Este hecho es lo que permite esta adherencia nunca vista hasta entonces. Técnicamente el cianoacrilato puede definirse como una resina acrílica que ante la presencia de agua polimeriza rápidamente, formando fuertes

157

cadenas de moléculas. En realidad, esta reacción del cianoacrilato es tan rápida y potente que hasta en el pegamento que se acabó comercializando se mezclaba con un poco de ácido para rebajar ligeramente su efecto.

Alguien podría preguntarse ¿y si es una sustancia tan adhe-

ASC

Estructura del superpegamento.

siva, por qué no queda pegada al interior del envase? El motivo es precisamente este proceso de polimerización: el interior del tubo donde está contenido el superpegamento no contiene humedad, de manera que, en ausencia de moléculas de agua, se mantiene inactivo. Por esta misma razón, cuando hemos utilizado muchas veces un mismo envase, puede que encontremos pegamento seco en la salida del tubo, por acción de la humedad del aire exterior, o incluso, con el tiempo, que el tubo entero acabe secándose por la entrada de aire en el interior.

Para producir el superpegamento, el cianoacrilato se sintetiza haciendo reaccionar formaldehído con alkyl-cianoacrilato. Esto genera un prepolímero que luego se despolimeriza al calentarse, generando finalmente un líquido monómero, que es lo que permite generar distintos compuestos.

Pero esta explicación tan técnica difícilmente convencería al público general de las bondades del superpegamento. Aunque convencido del potencial de su invento, Coover sabía que sí quería demostrar que ese pegamento era realmente súper, necesitaba una estrategia mucho más de acuerdo con el márquetin de la época. Es por este motivo que decidió acudir a la televisión.

En los años cincuenta, la cadena estadounidense CBS emitía el concurso *I've got a secret*, donde en cada edición una especie de jurado tenía que adivinar algún secreto de los concursantes que acudían. Coover se presentó al programa emitido el 7 de enero de 1959 con el secreto de haber inventado un superpegamento que sería capaz de levantar al presentador del programa, Garry Moore, con una sola gota. Lo demostró pegando en directo dos cilindros de acero que sostenían una suerte de trapecio al que Moore se agarró y, efectivamente, permitió levantarlo del suelo. El jurado quedó asombrado, aunque Coover afirmó que la producción del superpegamento era entonces muy cara y su uso solo podía ser industrial, no doméstico. También confesó que el descubrimiento había sido totalmente accidental. Pero la prueba fue todo un éxito y sirvió para enseñar a todo el país la eficacia del cianoacrilato. No era solo una cuestión de potencia, sino también de facilidad de uso: en aquella época todavía no existían ni tan solo las hoy populares barras de pegamento que imitan el formato de un pintalabios.

TODO SE PEGA

Cinco años después, en 1964, Kodak intentó ir más allá y solicitó a la Administración de Alimentos y Medicamentos de Estados Unidos (FDA) la autorización para un nuevo uso del superpegamento: el de curar heridas. Como prueba, el superpegamento fue utilizado en 1966 durante la guerra de Vietnam. Se aplicaba en forma de espray en hemorragias abiertas por heridas de bala o metralla, resultando una medida altamente efectiva para detener el sangrado y salvar así la vida a numerosos soldados. Este nuevo éxito del superpegamento acabó provocando que, una vez ya disponible para el público general, muchas familias estadounidenses lo incorporaran a sus botiquines domésticos. Sin embargo, en realidad

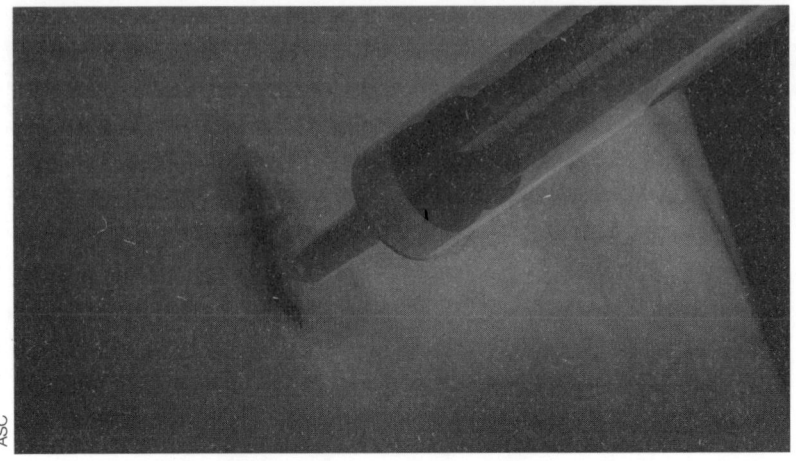

El pegamento quirúrgico elástico sella las heridas
en sesenta segundos (Universidad de Sydney).

la aprobación de la FDA se demoró hasta 1998, cuando se desarrolló la variante 2-octil cianoacrilato, comercializada bajo el nombre de Dermabond®. En este caso, el cianoacrilato tarda más en degradarse y ofrece una toxicidad menor a la de su antecesor. Su uso se aconseja de modo superficial y en zonas sin movilidad y libres de tensión.

Tanto en el ámbito médico como veterinario también se utilizan el n-butil-cianoacrilato y el isobutil cianoacrilato. Son bacteriostáticos y no requieren anestesia. Además, en cirugía plástica es habitual el uso del butil-2-cianoacrilato, en cierres sencillos de piel o en las blefaroplastias (eliminación del exceso de piel en los párpados).

Así pues, el superpegamento fue pionero en la utilización médica de los cianoacrilatos, un método que puede parecer rudo cuando pensamos en su aplicación más habitual en bricolaje, pero que se ha demostrado más que efectivo.

Las aplicaciones del superpegamento no terminan aquí. El cianoacrilato también ha sido empleado por las policías científicas para exponer las huellas dactilares, a través del vapor de etilcianoacrilato. Este procedimiento debe hacerse en un espacio cerrado, ya que el oxígeno inhibe la polimerización.

Con este sistema también es posible revelar otras secreciones corporales como son la sangre y el sudor, porque no las degrada y mantiene su aptitud para las pruebas de ADN.

UNA CASUALIDAD EN TODOS LOS HOGARES

Una vez más, estamos ante un descubrimiento fruto de la casualidad, pero también de la visión de un científico que tuvo la capacidad de ver en el fracaso de su investigación un triunfo para una aplicación totalmente distinta.

A lo largo de su carrera, el doctor Harry Coover acabó acumulando 460 patentes. Aunque su fama como padre del superpegamento eclipsara el resto de su trabajo, siempre se mostró orgulloso de este título. El 17 de noviembre de 2010 estaba ingresado en el hospital, pero se las arregló para desplazarse hasta Washington y recibir de manos del presidente Obama la Medalla Nacional de Tecnología e Innovación. Coover moriría cuatro meses después en su residencia de Kingsport (Tennessee), el 26 de marzo de 2011, a los noventa y cuatro años. Otros de los reconocimientos que recibió a lo largo de su vida fueron el Southern Chemist Man of the Year, el premio Maurice Holland, el premio del Instituto de Investigación Industrial y un lugar en el Salón de la Fama de los Inventores.

Pero, sin ninguna duda, el mayor reconocimiento al acierto de Coover no es ningún premio, sino el hecho de que su invento sea hoy un producto habitual en muchos hogares alrededor del mundo. La marca Super Glue® de Loctite es actualmente la más popular, aunque son diversas las casas comerciales que distribuyen superpegamentos para uso doméstico, industrial e, incluso, médico basados en la fórmula planteada por Coover. ¿Qué mejor resultado, pues, que un invento sea a la vez un fracaso para la investigación militar y un éxito para el mundo?

161

Curiosidades

La invención casual del superpegamento surgió de encontrar una sustancia con grandes calidades adhesivas cuando se estaba buscando un material que no necesitaba estas propiedades. Pero hay otro invento fruto de la serendipia contraria.

En 1968, el doctor en Química Orgánica Spencer Silver (1941-2021) trabajaba en el laboratorio central de la compañía 3M. Se dedicaba a investigar nuevos materiales adhesivos. En sus experimentos, dio con un tipo de pegamento muy peculiar, porque tenía capacidad de adherencia, pero muy poca, ya que cualquier cosa pegada con él se podía despegar con suma facilidad. El motivo eran las microesferas acrílicas que componen este pegamento, que aunque tengan una adherencia que podemos contrarrestar sin apenas fuerzas, también son suficientemente resistentes como para conservarla para múltiples usos. En este caso, la cuestión era ¿para qué puede servir un pegamento que pega, pero solo un poco? Silver pasó algunos años difundiendo las propiedades de esta sustancia, a la que él definía como la solución a un problema todavía por encontrar.

Quien encontró el problema fue un compañero de laboratorio de Silver, llamado Arthur Fry (1931-), en 1974. Fry cantaba en el coro de su iglesia y se marcaba las páginas del libro de cánticos con pequeños trozos de papel, pero era un sistema muy poco práctico ya que estos caían constantemente. No los podía pegar con cinta adhesiva ni ningún otro sistema conocido porque entonces se dañarían las páginas del himnario, pero entonces le vino a la mente el adhesivo de microesferas descubierto por Silver. Fry hizo algunas pruebas en el laboratorio con unos trozos de papel de color amarillo que tenían... ¡Y de ahí nacieron los pósits!

Inicialmente se pusieron a la venta en 1977 bajo el nombre *Press'n'peel*, que literalmente sería algo así como «aprieta y pela», en referencia a la facilidad con la que se pegaban y despegaban. Pero aunque las oficinas de 3M sí que utilizaban estas notas adhesivas, sus ventas no tuvieron ningún éxito. Este empezó a gestarse al año siguiente, cuando desde 3M se dieron cuenta de que, más que explicar el producto, lo importante era que los clientes potenciales lo pudieran probar, por lo que emprendieron una operación de márquetin a la que llamaron «Bombardeo a Boise». Consistió en enviar agentes comerciales a las principales empresas de Boise, un municipio del estado de Idaho, para ofrecer muestras gratuitas. La respuesta fue prácticamente unánime: el 90 % de los que las recibieron y probaron afirmaron que las comprarían. Con un cambio de nombre al actualmente conocido Post-it* (que significa «publícalo»), en 1980 estas notitas amarillas ya se podían comprar en cualquier lugar de Estados Unidos y en 1981 hicieron el salto a Canadá y Europa.

Actualmente, la gama de productos Post-it* está formada por más de 600 de diferentes formas, tamaños y colores que pueden encontrarse en más de un centenar de países. A diferencia de lo ocurrido con el superpegamento, en este caso el mérito es conjunto de dos investigadores: el doctor Spencer Silver, quien no solo descubrió por casualidad el curioso pegamento de los pósits, sino que intuyó un potencial que podía ser útil para alguna aplicación, y Arthur Fry, quien acertó al encontrar esta aplicación creando un concepto y un producto que ha triunfado y hoy encontramos en cualquier oficina del mundo. Es por este motivo que tanto Silver como Fry hoy forman parte del Salón de la Fama de los Inventores Estadounidenses.

12

EL LSD (1943)

El 12 de abril de 2018, la Asamblea de las Naciones Unidas (ONU) decretó el 3 de junio como Día Mundial de la Bicicleta. Una festividad de reciente creación, pues, para un medio de transporte en realidad bastante más antiguo, ya que tiene su origen en la draisiana inventada por el barón alemán Karl Christian Ludwig Drais von Sauerbronnen en 1817. Así, no es de extrañar que anteriormente a la resolución de la ONU ya hubiera otras celebraciones de la bicicleta. En 1985, por ejemplo, empezó a conmemorarse el Día de la Bicicleta cada 19 de abril, una fecha que todavía hoy sigue en pie en muchas poblaciones españolas a pesar del decreto de las Naciones Unidas. Pero así como la fecha del 3 de junio se escogió de manera aleatoria, o al menos sin ningún motivo de peso, la del 19 de abril viene tras una curiosa historia que, además, es clave para la consecución del casual descubrimiento que protagoniza este capítulo.

EL ÁLBUM DE HOFMANN

Esta historia empieza en Baden, una pequeña localidad al norte de Suiza. Famosa por sus baños termales desde tiempos del Imperio romano, debe su nombre a este motivo, ya que en alemán *baden* significa, precisamente, baños. En el siglo XIX,

165

la población recuperó notoriedad, cuando alemanes ilustres como el escritor Johann Wolfgang von Goethe (1749-1832) y el filósofo Friedrich Wilhelm Nietzsche (1844-1900) disfrutaron de la ciudad-balneario. Más adelante también se sumaría el escritor Hermann Hesse (1877-1962).

Pues bien, el 11 de enero de 1906 nació en Baden Albert Hofmann. Sería el mayor de cuatro hermanos en una familia no muy adinerada. Entre los pocos medios de los que disponían y el hermoso lugar donde vivían, parece lógico que desde su niñez Hofmann fuera un enamorado de la naturaleza que gozaba contemplando bosques, montañas y praderas. Esa pasión por el entorno y especialmente por el reino vegetal determinaría su labor científica.

Y es que, aunque Hofmann se vio obligado a trabajar desde muy joven, ya que tanto su padre como su madre tenían problemas de salud, nunca abandonó sus estudios. A los doce años entró a trabajar como aprendiz en la misma fábrica donde se empleaba su padre, pero el maestro de la escuela le seguía proporcionando libros y apuntes para que avanzara por su cuenta. Dada su motivación por los estudios y su simultánea constancia en el trabajo, su padrino, Hans Kühni, decidió pagarle una escuela privada para prepararse para las pruebas de acceso a la universidad. Aunque Hofmann sentía un gran interés por las materias humanísticas, como la historia y la literatura, y hasta tenía dotes artísticas en la pintura, su matrícula en la Universidad de Zúrich fue en la carrera de Química. Esta decisión sorprendió a su entorno más inmediato, pues no solo la prueba de acceso a la universidad que había aprobado era de latín, sino que Hofmann nunca había recibido ningún tipo de formación en química. Hasta sus primeros profesores desconfiaban de si su intención era diseñar algún veneno para la guerra. Hofmann defendió su elección de la siguiente manera:

Las experiencias místicas de mi niñez, en las que veía la naturaleza transformarse de modo mágico, habían hecho surgir en mí cuestiones concernientes a la esencia del mundo material exterior, y la química era la ciencia que podía ayudarme en esta tarea.

Obtuvo su título de doctor a los cuatro años de ingresar en la universidad, un tiempo récord. De hecho, la investigación doctoral le tomó tan solo tres meses y la redactó durante las vacaciones de navidad de 1928. Y no fue una tesis cualquiera: describió por primera vez en la historia la estructura correcta de la quitina, el polímero más abundante después de la celulosa, presente en la pared celular de hongos, levaduras y exoesqueletos de invertebrados. Hofmann demostró así que la estructura planteada hasta entonces era incorrecta. Desgraciadamente, su padre falleció antes de verlo doctorarse, aunque sí había vivido suficiente como para conocer la oferta laboral que marcaría la vida de Hofmann. Los laboratorios Sandoz, de Basilea, le ofrecieron incorporarse a su sección de investigación químico-farmacéutica. Allí es donde Hofmann

Estructura de la quitina

trabajaría durante toda su carrera y donde realizaría el casual descubrimiento que ahora nos ocupa. Su excelente currículo académico no había pasado desapercibido y recibió ofertas económicamente mejores, pero él prefirió optar por aquella que le permitía seguir investigando sustancias naturales, siguiendo con ese propósito inicial de estudiar «la esencia del mundo material exterior».

A Hofmann su situación familiar no le supuso un camino fácil, pero el álbum de fotos resultante mostraría igualmente imágenes de felicidad, pues logró anteponerse a las dificultades y no solo cumplir su sueño: su trabajo le confirmó como un gran químico a tener en cuenta.

HONGO QUE TE PONGO

Hofmann empezó su trabajo en los laboratorios Sandoz bajo la supervisión del bioquímico Arthur Stoll (1887-1971). La compañía pretendía encontrar la manera de aprovechar correctamente diversas sustancias terapéuticas tradicionales que, aunque se había demostrado que eran eficaces, bien por inestabilidad o bien por dificultades de dosificación, tan solo tenían una aplicación limitada.

Así, Hofmann empezó a estudiar especialmente hongos como el cornezuelo de centeno, también llamado ergot (*Claviceps purpurea*). Se trata de un hongo del grupo de los ascomicetos que crece como parásito en los cereales. Dentro del género Claviceps existen decenas de especies diferentes y la mayoría forman en las plantas unas estructuras pequeñas, duras y resistentes llamadas esclerocios. Pero hay otras plantas donde lo que forman son esfacelos, unas estructuras más grandes y blandas. Esto provocaba la confusión de los botánicos, que llegaban a identificarlos como hongos diferentes cuando en realidad eran los mismos. Todas las especies de cornezuelo pueden parasitar cereales y contienen alcaloides similares, aunque en proporciones variables. Las numerosas sustancias activas de este hongo lo hacían muy interesante terapéuticamente: las comadronas, por ejemplo, lo utilizaban para aumentar las contracciones uterinas durante el parto y controlar las hemorragias. Como los alcaloides del cornezuelo tienen una estructura similar a la de neurotransmisores como la serotonina, la dopamina y la norepinefrina, actúan sobre los receptores serotoninérgicos, dopaminérgicos y adrenérgicos, ofreciendo muchas posibilidades de tratamiento. El problema era conseguirlos en estado puro y acertar las dosis adecuadas, ya que estas varían según la edad y procedencia del hongo.

Hofmann determinó que el ergot contiene seis pares de alcaloides: ergotamina-ergotaminina (descubiertos por Arthur Stoll en 1918), ergobasina-ergobasinina (descubiertos de forma independiente en 1935 por cuatro equipos de investigación: Dudley-Moir, Kharasch-Legault, Stoll-Burckhardt y Thompson), ergosina-ergosinina (descubiertos por Smith y Timmis en 1936), ergocristina-ergocristinina (descubiertos por Stoll y Burckhardt en 1937), ergocriptina-ergocriptinina (descubiertos por Stoll y Hofmann en 1943) y ergocornina-ergocorninina (descubiertos por Stoll y Hofmann en 1943).

Los alcaloides descubiertos en colaboración con Stoll en 1943 sirvieron para demostrar que la ergotoxina, aislada anteriormente en 1906 por George Barger (1878-1939), no era una sustancia pura, sino una mezcla variable de tres de los alcaloides presentes en el cornezuelo: la ergocristina, la ergocornina y la ergocriptina. Este hallazgo permitió la creación del fármaco Hydergina®, destinado al tratamiento de problemas de circulación cerebral, mediante la hidrogenación de estos tres alcaloides.

A partir de aquí, el químico suizo se dedicó a preparar derivados de los alcaloides para disponer de sustancias más activas farmacológicamente. Partiendo de la ergonovina, obtuvo la metilergonovina, un derivado semisintético que se comercializó con el nombre de Metrergina® para su uso como oxitócico en obstetricia.

Hofmann también sintetizó la ergina (amida del ácido d-lisérgico) y su isómero, la isoergina, así como la metisergida (Deseril®), que se emplearía para tratar las migrañas. La metisergida fue uno de los primeros antagonistas farmacológicos de la serotonina y se utilizó también para combatir el síndrome carcinoide, el conjunto de síntomas que aparece en personas con tumores carcinoides.

Otra sustancia creada por Hofmann fue la dihidroergo-tamina (nombre de marca: Dihydergot®), que produce vasoconstricción gracias a su estimulación de los receptores alfa-adrenérgicos y está indicada para las migrañas, las cefaleas, la hipotensión y la insuficiencia circulatoria.

Todos estos avances habrían sido más que suficientes para que Hofmann ocupase un lugar destacado en la historia de la ciencia del siglo XX. Sin embargo, la creación que le otorgaría una fama mundial que sobrepasaría las publicaciones científicas aún estaba por llegar.

UN VIAJE INESPERADO

Siguiendo con la tarea de aprovechar las posibilidades terapéuticas que ofrecían los alcaloides del ergot, a Hofmann se le ocurrió obtener un preparado semejante a la Coramina®. Este medicamento era un cardiotónico que se utilizaba para contrarrestar los efectos de sobredosis de tranquilizantes. Su principio activo es la dietilamida del ácido nicotínico o niacina, una vitamina muy presente en la naturaleza tanto animal como vegetal. Hofmann pretendía emular la Coramina® a partir de la dietilamida del ácido lisérgico del ergot: si la estructura química de los dos compuestos era muy similar, era lógico pensar que también lo fueran sus propiedades farmacológicas.

Hofmann había sintetizado por primera vez la dietilamida del ácido lisérgico del ergot en 1938, pero en aquel momento no había percibido ningún efecto terapéutico aprovechable. Sin embargo, por algún motivo decidió probarlo de nuevo el viernes 16 de abril de 1943. Y, aunque el proceso fue el mismo, en este segundo intento intervino el azar.

Tal como había hecho en la primera ocasión, Hofmann sintetizó unos pocos centigramos de la sustancia, pero, en la fase final de purificación y cristalización de la dietilamida del ácido lisérgico, empezó a notar unas sensaciones desconocidas. El suizo lo definió como un «extraño estado de consciencia» que desapareció a las dos horas.

Tras pensarlo durante todo el fin de semana, Hofmann concluyó que debía haber sido un efecto de inhalar el solvente que

170

ASC

Estructura del LSD.

había utilizado, dicloroetileno, un líquido incoloro parecido al cloroformo y cuya exposición a concentraciones altas puede causar mareos, dolores de cabeza, somnolencia, falta de coordinación, confusión, náuseas, pérdida del conocimiento e, incluso, la muerte. Empujado por esa curiosidad científica que a veces supera el sentido común, cuando el lunes volvió al laboratorio lo primero que hizo fue inhalar voluntariamente el solvente, para así corroborar su hipótesis. Al no producirse ningún efecto, seguramente la concentración o volumen usado no era demasiado alto, la única alternativa que quedaba era que el causante fuera la propia dietilamida. Pero ¿cómo había entrado en su organismo? No solo había trabajado con una cantidad ínfima, sino que Hofmann era extremadamente pulcro y cuidadoso en su trabajo. La única opción que se le ocurrió fue que la disolución hubiese tocado las yemas de sus dedos durante la cristalización y, o su piel la hubiese absorbido, o en algún momento se hubiera frotado los ojos y esta hubiera entrado en su organismo a través del saco conjuntival. Fuese un caso u otro, la cantidad de sustancia habría sido infinitesimal como para tener

171

un efecto tan fuerte. Igualmente, Hofmann decidió hacer una prueba y así empezó todo.

Según indican sus detalladas notas de laboratorio, a las cuatro y veinte de la tarde Hofmann ingirió por vía oral medio centímetro cúbico de solución acuosa de tartrato de dietilamida disuelta en diez centímetros cúbicos de agua. Los efectos aparecieron a las cinco en punto, cuarenta minutos después: «Ligero mareo, sensación de ansiedad, alucinaciones visuales, síntomas de parálisis, deseo de reír».

Con la evidencia que la sustancia causante del malestar del viernes era esa dietilamida del ácido lisérgico que conocía por la abreviación LSD-25 y al encontrarse nuevamente indispuesto, Hofmann decidió volver a casa. Y lo hizo como acostumbraba, en bicicleta, ya que en plena Segunda Guerra Mundial el coche era un vehículo aún reservado para las clases más privilegiadas. Ese viaje, que tomaría un sentido más allá del desplazamiento físico, pasaría a la historia hasta el punto de convertir ese 19 de abril en el Día de la Bicicleta que comentábamos al inicio del capítulo.

Y es que, aunque la dosis de LSD que había tomado Hofmann era muy pequeña, sus efectos eran todavía más intensos que los de tres días atrás. Según relató él mismo, durante la vuelta a casa, todo en su campo de visión «se movía y se distorsionaba como si se reflejara en un espejo curvo». Consciente de su estado alterado, Hofmann tuvo la precaución de pedir a su asistente de laboratorio que lo acompañara. Así, aunque él manifestaba la sensación de no ser capaz de moverse, su acompañante le aseguró que hicieron el trayecto pedaleando a un buen ritmo.

Como al llegar a casa la situación no mejoraba, Hofmann pidió a su asistente dos cosas: que avisara a un médico y que pidiera leche a los vecinos, al existir la creencia de que esta bebida era un remedio útil ante las intoxicaciones.

En ese momento, Hofmann describe sus sensaciones como un ir y venir entre momentos de un estado delirante y alterado y otros de mejor claridad mental. Se tumbó en el sofá, ya que en ocasiones los mareos eran tan fuertes que le impedían mantenerse en pie, y vio como todo lo que le rodeaba «se transformaba de modo aterrador» y «los muebles tomaban formas grotescas

172

y amenazantes». De hecho, la pobre vecina que trajo la leche le parecía «una bruja malévola con una máscara de colores». Estas alteraciones de la percepción le causaron tal desesperación que Hofmann llegó a pensar que se moría, preocupado por hacerlo sin poder despedirse de su mujer e hijos, de viaje a Lucerna por unos días para visitar a los abuelos maternos.

En cambio, cuando llegó el médico y examinó a Hofmann, el único síntoma que fue capaz de detectar fue una dilatación importante de las pupilas. El pulso, la presión arterial y la respiración eran totalmente normales, así que se limitó a llevarlo hasta la cama y seguir observándolo. Entonces, Hofmann entró en una nueva etapa de su lisérgico viaje: las imágenes aterradoras y la sensación de pánico dieron lugar a un sentimiento de felicidad y gratitud al que acompañaban formas y colores extraordinarios que veía hasta con los ojos cerrados. Coloridas fuentes caleidoscópicas se abrían y cerraban formando círculos y espirales en un flujo constante que parecía reproducir sinestésicamente los ruidos del entorno, desde el picaporte de una puerta hasta el motor de un vehículo cercano.

En algún momento, alguien avisó a la esposa de Hofmann, que dejó a los niños con los abuelos y volvió para ver a su marido. Cuando llegó, Hofmann tenía la lucidez suficiente como para contarle la situación, aunque su mente continuaba transformando los sonidos en imágenes oníricas. Finalmente, a la una de la madrugada, el científico logró dormirse y ya no se despertó hasta las ocho de la mañana. Al levantarse, los efectos habían desaparecido y aseguraba sentirse cansado, pero a la vez renovado y en paz. Desde el desayuno hasta la luz del sol, todo le parecía maravilloso, causándole una sensación de bienestar que le duró todo el día.

La inesperada experiencia sirvió para demostrar que el LSD-25 era una sustancia psicoactiva de una gran potencia, ya que había provocado tal cantidad de efectos a partir de una cantidad ridícula. Tanto el mismo Hofmann como otros trabajadores de los laboratorios Sandoz realizaron más pruebas para confirmar los efectos alucinógenos del LSD sobre la mente. Aunque de inicio no pareciera poder servir como un medicamento útil, sí que

173

tenía un gran interés científico, pues demostraba que los trastornos mentales podían tener una causa bioquímica. Es decir, que del mismo modo que lo conseguía el LSD, otras sustancias psicoactivas podían ser las responsables de las más diversas alteraciones, hasta las sustancias segregadas por nuestro propio cuerpo.

El proceso de síntesis del LSD formó parte de las publicaciones conjuntas de Hofmann y Stoll de ese mismo año (1943). En los primeros ensayos se describen los efectos de la nueva sustancia como síntomas que aparecían entre los treinta minutos y las dos horas posteriores a la ingestión: disminución de la coordinación motora, dilatación de las pupilas y náuseas. Todos estos efectos se señalaban como más leves que las alteraciones en la percepción, afectividad, capacidad de atención y apreciación del tiempo. Registraron un amplio espectro de reacciones, desde la euforia y las risas incontrolables hasta la angustia y la depresión, pudiendo alternarse los dos extremos en el mismo individuo. Eran comunes tanto las alucinaciones ópticas y auditivas como las sensaciones de desdoblamiento de personalidad, cambios de tamaño, vuelos extracorpóreos y rememoración lúcida de recuerdos lejanos.

Los ensayos en varias especies de animales indicaron también una gran variabilidad de la dosis letal media (se considera dosis letal media aquella que provoca la muerte a la mitad de los sujetos) del LSD , la cual causaba la muerte por parada respiratoria. En el ser humano se determinó que la dosis letal media sería de una cantidad seiscientas cincuenta veces mayor a la farmacológicamente activa. Y es que, aunque tras la popularización del LSD se registraron muchas muertes a raíz de su administración, la verdad es que serían siempre causadas por las imprudencias cometidas durante las alucinaciones, nunca por la toxicidad de la sustancia. Pero ¿cómo consiguió tal fama?

LA ERA DE LA PSICODELIA

En 1947, cuatro años después del hallazgo, Sandoz lanzó al mercado un medicamento llamado Delysid®. Basado en la dietilamida de ácido lisérgico, se presentaba como un psico-fármaco pensado para los terapeutas, no para los pacientes. La curiosa idea de la compañía suiza era que quienes trataran con personas psicóticas pudieran emular las situaciones vividas por sus pacientes gracias a la autoadministración de la droga y conseguir así, a través de la vivencia en primera persona, pensar mejores tratamientos.

El original planteamiento logró despertar el interés internacional por la sustancia y en 1965 ya se habían publicado alrededor de 2 000 artículos sobre estudios referentes al LSD. Pero en la misma década de 1960, el LSD fue también la droga psicodélica que más triunfó entre los movimientos contraculturales que usaban estupefacientes con objetivos principalmente lúdicos, como era el caso de los *hippies*. Como era de esperar, esta circunstancia le dio muy mala fama ante las oligarquías económicas y políticas, hasta el punto de que en Estados Unidos acabó prohibiéndose en 1968 (pocos años antes ya se había ilegalizado en estados concretos como California). Lógicamente, esto no acabaría con su consumo, como prueban los históricos conciertos de Woodstock en agosto de 1969, donde artistas como The Who actuaron bajo los efectos del LSD.

El LSD se convirtió en uno de los elementos clave de los sesenta, influyendo de manera directa en las artes gráficas y musicales de la década. Muchas celebridades fueron consumidores habituales de la droga: el actor Cary Grant (1904-1986), el escritor Aldous Huxley (1894-1963), la nadadora Esther Williams (1921-2013), el fundador de Pink Floyd Syd Barrett (1946-2006)...

Pero el principal responsable de la popularización del LSD como droga recreativa fue el psicólogo Timothy Leary (1920-1996). Psicólogo clínico en la Universidad de Harvard, a principios de los sesenta realizó experimentos con LSD y otras sustancias psicodélicas. Su facultad acabó expulsándolo en 1963 porque durante los experimentos él también consumía las mismas sustancias que los sujetos y diversas personas lo acusaron de presionar a estudiantes para que también las consumieran. La noticia de su despido fue precisamente la primera gran

175

difusión pública de las propiedades del LSD y le sirvió para ganar fama como gurú de la psicodelia, erigiéndose como uno de los principales defensores de su uso. Algunas fuentes aseguran que hasta el presidente Richard Nixon (1913-1994) llegó a señalar a Leary como el hombre más peligroso de Estados Unidos.

La verdad es que el LSD gozaba de una fama ambivalente. Las clases conservadoras podían utilizarlo como argumento de crítica contra la revolución cultural de la que formaba parte: el crecimiento de su consumo incrementaba también los accidentes de quienes estaban bajo su influencia, así como los efectos adversos, de manera que confirmaba su connotación negativa. En cambio, para los sectores más progresistas, el LSD tenía un significado diametralmente contrario, símbolo de rebeldía y propio de todos a quienes tenían como modelos positivos de conducta: intelectuales, artistas, universitarios, etc. En definitiva, según qué periódico leyeras, las noticias relacionadas con el LSD podían tener un cariz totalmente opuesto.

Por su parte, Hofmann vivía el fenómeno con sorpresa. El químico compartía parte de las dos visiones y definía al LSD como «su hijo problemático», al que quería sin poder negar los problemas que provocaba. Coincidía con que «reinaba una verdadera histeria de LSD», pero también insistía en los beneficios que podía aportar su uso profesional en el campo de la psiquiatría. Aunque, finalmente, las polémicas que iban surgiendo en todo el mundo acabaron causando que Sandoz abandonara la producción y distribución del LSD.

La estocada final fue a principios de 1971, cuando la Organización de las Naciones Unidas celebró una convención en Viena para poner orden a la situación del LSD y otras sustancias psicotrópicas. La Convención Única sobre Estupefacientes que los Estados miembros habían firmado tan solo una década atrás había quedado obsoleta con todas las drogas descubiertas durante los años sesenta, de manera que la ONU optó por actualizarse y ordenó las nuevas sustancias en cuatro categorías. El LSD quedó encuadrado en la primera, como droga sin ningún tipo de beneficio conocido para el organismo. Aunque el objetivo era ilegalizar su comercio y restringir su uso únicamente a posibles investigaciones científicas, a la práctica la decisión fue una victoria total del bando contrario al LSD, porque su consumo fue disminuyendo, pero también se detuvieron las investigaciones.

EL RETORNO DEL TRIPI

El LSD quedó fuera de los principales focos de atención científica hasta la década de 1990, cuando se realizaron de nuevo algunos estudios sobre las posibilidades de esta y otras drogas psicodélicas. Pero su gran retorno fue una vez iniciado el nuevo siglo, cuando en 2019 abrieron dos centros dedicados enteramente a esta misión. El primero, inaugurado en el mes de abril, fue el Centro Imperial para la Investigación Psicodélica fundado por el Imperial College londinense con un presupuesto de 3,5 millones de euros provenientes de distintas entidades privadas. Luego, en septiembre, la Universidad Johns Hopkins de Baltimore, en Estados Unidos, presentó el Centro para la Investigación de la Experiencia Psicodélica y la Conciencia, en este caso con un presupuesto inicial de casi 16 millones de euros, también gracias a donaciones privadas. En ambos casos, el objetivo de estas dos instituciones es el de estudiar la posible aplicación de drogas alucinógenas como el LSD y la psilocibina para tratar problemas de salud mental como son las adicciones, la anorexia y la depresión. De esta manera, la llamada «medicina psicodélica» ha recuperado prestigio dentro del ámbito científico. Ha sido posible gracias a la aparición reciente de experiencias positivas como ha sido el tratamiento de la depresión con ketamina, una droga anestésica anteriormente conocida por el terrible historial de ser utilizada por muchos violadores para adormecer a sus víctimas.

Aun así, todavía hay expertos que manifiestan su escepticismo respecto al uso de drogas como el LSD para este tipo de tratamientos. Uno de los motivos es que, a diferencia de la gran mayoría de pruebas farmacológicas, en un ensayo clínico con drogas psicodélicas es imposible mantener grupos «a ciegas», ya que los participantes saben perfectamente que se les ha administrado una dosis.

Además, a día de hoy se sigue sin saber el mecanismo exacto de acción del LSD en nuestro organismo. Desde el principio se descubrió que, en realidad, la concentración de la sustancia en el cerebro es más bien baja y, en cualquier caso, lo abandona rápidamente. Sí que se ha podido comprobar que las partes que más reaccionan son algunas zonas cerebrales ligadas a las emociones y que los principales neurotransmisores afectados son la serotonina, la dopamina y la adrenalina, además de cierta actividad en los receptores de glutamato. Estos neurotransmisores tienen en común una estructura química muy similar a la del LSD y otras drogas psicodélicas.

En conclusión, ocho décadas después de que Hofmann descubriera los efectos del LSD a causa de una intoxicación totalmente casual con una dosis ínfima, las aplicaciones médicas de esta sustancia son todavía poco más que una posibilidad. Son muchos más los efectos socioculturales que tuvo en la década de 1960, creando una era de la psicodelia que forma parte de la historia del siglo XX y que empezó con un simple viaje en bicicleta.

CURIOSIDADES

El LSD fue una droga que nació con una intención terapéutica que hasta hace poco no ha vuelto a recuperar, eclipsada por el auge de su uso puramente recreativo. ¿Pero sabías que también tuvo una función policial?

En muchas ficciones de espías aparece un elemento clave que es un tipo de «suero de la verdad», una sustancia química que una vez inyectada previene de mentir durante un interrogatorio. No sé si nunca te habías preguntado si algo así puede realmente existir, pero es comprensible que la posibilidad de obligar a alguien a decir la verdad ha sido algo que la humanidad ha buscado durante toda la historia.

Robert Ernest House (1875-1930) fue un obstetra de Texas que administraba escopolamina a sus pacientes durante los partos. La escopolamina es un alcaloide presente sobre todo en plantas venenosas como el estramonio, pero que administrado en pequeñas dosis tiene una función analgésica. En 1916, House observó que, bajo los efectos de la escopolamina, las parturientas se quedaban en un estado de sedación consciente donde respondían sin tapujos a cualquier pregunta. Por este motivo, se le ocurrió que la misma sustancia podía servir para interrogatorios policiales y judiciales. Aunque realizó algunas pruebas exitosas que le sirvieron para publicar un artículo en el *Texas State Journal of Medicine* en septiembre de 1922, la escopolamina acabó siendo descartada como suero de la verdad por la cantidad de efectos secundarios que provocaba en los sujetos: confusión mental, desorientación, problemas en el habla y hasta delirios.

Durante la Segunda Guerra Mundial, Estados Unidos, Reino Unido y Alemania probaron suerte con la mescalina, un alucinógeno presente en algunas especies de cactus, pero que acabó sin mostrar unos resultados suficientemente efectivos y sí efectos secundarios similares a los de la escopolamina.

Fue durante las décadas de 1950 y 1960 cuando la agencia de inteligencia de Estados Unidos, la CIA, decidió experimentar las posibilidades del LSD como suero de la verdad. Lo hizo en dos proyectos secretos, con los nombres en clave de MK Ultra y MK Delta. En un inicio los resultados eran esperanzadores, ya que, pasado un estado inicial de euforia, los sujetos empezaban a «cantar», como se dice en el argot. Pero el problema seguía siendo el mismo que con la escopolamina y la mezcalina: el estado de confusión y alteración en el que acababan muchos de los sujetos, algunos con alucinaciones muy fuertes, hacía que los interrogatorios fueran impracticables.

Así, el LSD acabó descartándose como suero de la verdad; también otra droga sintética como la metilendioximetanfetamina (MDMA para los amigos), probada en los mismos proyectos de la CIA. Viendo que las sustancias alucinógenas tenían obstáculos en común, la investigación acabó decantándose por los barbitúricos, unos sedantes del sistema nervioso central como el pentotal sódico. En este caso, se comprobó que provocaba la desinhibición de los sujetos a quienes se inyectaba, pero también que esto no garantizaba que dijeran la verdad. De hecho, en su verborrea, frecuentemente mezclaban fantasía y realidad.

Es por todos estos motivos que siento decirte que, de momento, el suero de la verdad es un recurso que solo existe en la ficción. A día de hoy ninguna droga ha resultado eficaz en ese sentido, sin dejar de lado que administrar cualquier sustancia con el fin de interrogar a alguien es ilegal y se considera tortura. Eso no ha sido impedimento para que algunos países lo intentaran y que el LSD formara parte de uno de los intentos más documentados, pero, actualmente, el suero de la verdad sigue siendo de mentira.

13

EL HORNO MICROONDAS (1945)

¿Quién no ha usado nunca un microondas, aunque solo sea para calentar un vaso de leche? Muchos hogares ya no recuerdan cómo se calentaba la leche antes de estos electrodomésticos ya tan comunes, pero yo sí aún recuerdo cuando mi madre me calentaba la leche en un cazo y la reticencia de mi padre a usar ese nuevo aparato que se había instalado en casa y que, incluso hoy en día, después de más de treinta años, sigue lleno de mitos.

Este pequeño horno nació, como tantos otros inventos, fruto de la industria militar, pero también de la casualidad y una gran curiosidad científica.

PERDER Y GANAR

El protagonista de este capítulo se llama Percy LeBaron Spencer. Nació el 9 de julio de 1894 en Howland, una pequeña población de Maine, el estado situado más al noreste de Estados Unidos. Su vida empezó marcada por las pérdidas. Cuando tenía un año y medio, su padre Jasper murió. Poco después, su madre Myrtle lo dejó con unos tíos de Lincoln, una población veinte minutos al norte de Howland. Ellos serían quienes lo acabarían criando. Pero, de nuevo, cuando Percy tenía siete años, murió su tío Henry, así que fue como perder al padre por segunda vez. Además, esta nueva pérdida acabaría obligándolo a dejar la escuela cuatro años después, sin haber terminado la educación básica, ya que necesitaba trabajar para ayudar a su tía a sobrevivir.

Su primer trabajo fue en la misma fábrica de bobinas textiles donde había trabajado su tío, pero dos años después pasó a trabajar en una fábrica y fundición de maquinaria. Su vocación le llegaría en 1910, cuando una novedad sacudió Lincoln. La compañía papelera Katahdin Pulp & Paper Company decidió probar con una nueva fuente de energía que aspiraba a superar el vapor: la electricidad. Fascinado por la modernidad, Spencer se inscribió para realizar la instalación y, aunque no tenía ningún tipo de formación en la materia, a sus dieciséis años fue aceptado como uno de los tres encargados de aplicar la transición al nuevo tipo de energía. Lo aprendió todo de manera autodidacta.

Este espíritu autosuficiente le valdría durante el resto de su vida para suplir su falta inicial de formación, estudiando por su cuenta durante incontables noches. Así, en 1912 se unió a la Marina inspirado por las publicaciones periodísticas en relación al hundimiento del Titanic, donde se alababa el papel de los operadores inalámbricos. Si primero le había fascinado la electricidad, ahora era la telegrafía inalámbrica, otra nueva tecnología de la que nada sabía, pero que consiguió dominar tras ser aceptado. Los conocimientos adquiridos en la Marina le servirían para acabar trabajando en la Wireless Specialty Apparatus Co. de Boston, una empresa dedicada a la fabricación y distribución de aparatos de radio tanto de uso militar como comercial.

Spencer, pues, vivió una infancia marcada por la pérdida, pero en contrapartida ganó una autosuficiencia que, sumada a su espíritu curioso, le permitió establecer una carrera laboral que le llevaría a hacer historia.

En el radar

A principios de la década de 1920, Spencer se incorporó a la American Appliance Company, una empresa de Massachusetts dedicada a la producción de suministros militares y recién fundada: él fue el quinto empleado contratado. En la actualidad, la empresa, ahora llamada Raytheon, emplea a más de 70 000 personas en todo el mundo.

En la predecesora de Raytheon, Spencer trabajó sobre todo produciendo tubos fotoeléctricos de vacío, un tipo de componente electrónico clave para los equipamientos de transmisión por radio. Su pericia en la materia le llevó a codearse con algunos de los mejores físicos de toda una institución como el Instituto Tecnológico de Massachusetts (MIT), que lo destacaban como «uno de los mejores diseñadores de tubos del mundo» porque era capaz de hacer «un tubo funcional con una lata de sardinas».

De hecho, en 1929, uno de los tubos desarrolló una pequeña fuga, de manera que debía ser desechado. Pero Spencer quiso estudiar cuáles eran las consecuencias de esa fuga, lo que le llevó a descubrir que, en realidad, la capacidad fotoeléctrica del tubo había aumentado hasta multiplicarse por diez. Este descubrimiento permitiría desarrollar el tubo para las cámaras de televisión.

Pero lo que marcó la andadura de Spencer en la futura Raytheon sería el estallido de la Segunda Guerra Mundial en 1939. Allí se iniciaría un periodo de trabajo frenético que duraría casi seis años, durante los cuales Spencer trabajaría sin prácticamente tomarse ni un día de descanso. Durante este tiempo, la división de tubos de la empresa pasó de tener 15 empleados a más de 5 000.

La clave estuvo en conseguir el contrato para producir modelos funcionales de equipos de radar de combate, una nueva tecnología clave para detectar desde submarinos a aviones enemigos. La importancia del proyecto era tal que se consideraba la segunda prioridad de Estados Unidos en investigación militar, solo por detrás del Proyecto Manhattan que desarrollaría la bomba atómica.

Estados Unidos había recibido de Reino Unido un modelo de magnetrón de microondas de alta frecuencia. Este dispositivo es clave para el funcionamiento de cualquier radar, su tubo de alimentación. Pero su producción era compleja y la misión del equipo de Spencer consistía en encontrar la manera de producirlos en masa. En un inicio, tomaba hasta una semana producir uno solo de estos tubos. Spencer consiguió alcanzar una producción de 2 600 tubos diarios.

Por un lado, estampó delgadas secciones del tubo en cobre y soldadura de plata; por el otro, los coció en un horno con una cinta transportadora diseñado por el mismo. Las mejoras de Spencer no solo solucionaron la producción en masa de los tubos, sino que también sirvieron para mejorar la eficiencia de los magnetrones, el mecanismo principal del radar que convierte la energía eléctrica recibida en energía electromagnética de microondas. De hecho, hasta colaboró con la Clínica Mayo, un prestigioso hospital estadounidense sin ánimo de lucro, para desarrollar un sistema de diatermia por microondas, técnica altamente utilizada en fisioterapia para tratar desde lesiones musculares hasta artrosis y artritis porque permite aumentar la temperatura de tejidos interiores del cuerpo de manera no invasiva.

Sin embargo, y pese a acumular más de un centenar de patentes a su nombre, ninguno de estos logros sería el que convertiría a Spencer en un inventor conocido en todo el mundo. Este mérito le llegaría gracias a una chocolatina.

UN DESCUBRIMIENTO PEGAJOSO

Durante la Segunda Guerra Mundial, en la vorágine de trabajo para la mejora del sistema de producción de radares, Spencer estaba en la fábrica de la American Appliance Company a todas horas, paseando por las plantas e interviniendo en todos los procesos con la intención de descubrir todas las mejoras posibles.

La casualidad quiso que un día, durante sus caminatas alrededor de la fábrica, Spencer llevara en el bolsillo una chocolatina, de cacahuete según algunas fuentes. Cuando fue a comérsela, comprobó que estaba completamente derretida, demasiado y en muy poco tiempo como para que esa masa pegajosa fuera fruto del mero calor corporal. Quizá otra persona no le hubiera dado más importancia al asunto y, en realidad, después supo que otros trabajadores ya habían notado el mismo efecto, pero fue Spencer quien empezó a indagar por qué había ocurrido.

No tardó en confirmar que la culpa había sido de los magnetrones en funcionamiento, así que quiso experimentar más para comprender qué era lo que había ocurrido. Aquí las fuentes difieren al nombrar las pruebas que realizó Spencer: desde hacer estallar maíz en palomitas hasta un cocer un huevo crudo, pasando por hervir el agua de una tetera. El caso es que estos experimentos sirvieron para darle la idea de utilizar las microondas para un uso bien distinto que el militar: crear un nuevo tipo de horno. Registró la petición de patente número US2495429 el 8 de octubre de 1945, pocas semanas después del final de la guerra. En la ilustración de la patente es curioso que el alimento que aparece dibujado parece una sola palomita.

El diseño inicial del horno microondas era muy distinto del pequeño electrodoméstico que estamos acostumbrados a tener en la encimera de nuestras cocinas. De casi dos metros de alto, se asemejaba mucho más a un armario o nevera. Los primeros modelos tenían un precio de casi 3 000 euros, de manera que en realidad su uso no era todavía doméstico: se utilizaban en lugares como hospitales e instalaciones militares, donde se tenía que cocinar comida para mucha gente.

La clave del diseño de Spencer era una caja metálica con una abertura para permitir la entrada de la radiación del magnetrón. Las paredes metálicas obligaban a la radiación a mantener la energía concentrada en la zona donde se introducía el alimento. Las microondas, de 2,5 GHz (2 500 millones de oscilaciones por segundo), lo que hacen es agitar las moléculas de los azúcares, algunas grasas y, sobre todo, el agua de los alimentos. Esto provoca un calentamiento muy distinto al de los hornos tradicionales, donde primero se genera calor que es el que calienta los alimentos de fuera hacia dentro. De aquí que en un horno clásico el exterior de un alimento quede mucho más seco y crujiente, ya que el agua del exterior es la primera en evaporarse. En cambio, como las microondas penetran en los alimentos, estos se cocinan de forma más uniforme o, al menos, sin tantas diferencias entre dentro y afuera. En realidad, para ayudar a esta uniformidad, la mayoría de hornos microondas cuentan con ventilador y un plato giratorio: su objetivo es que, mientras las microondas están rebotando entre las paredes metálicas, lo hagan por toda la superficie de la cámara y penetren el alimento por todos lados, permitiendo así la vibración de todas las moléculas posibles.

Esto es posible porque, aunque nosotros percibamos la temperatura como algo que notamos de manera instantánea gracias al tacto, en realidad deberíamos definir este fenómeno a partir del movimiento molecular o incluso atómico. En temperaturas bajas, las moléculas están mucho más quietas que en temperaturas altas, donde van vibrando cada vez más a medida que aumenta el calor. Es por este motivo que, aunque no conocemos un límite de temperatura alta, sí que existe el llamado frío absoluto, ya que hay un momento donde las moléculas no pueden estar más quietas. Esta temperatura se denomina como cero kelvin y sería equivalente a -273,15 °C. Lo más cercano que se ha conseguido en un laboratorio son 0,006 kelvin, unos -273,144°C.

EL LARGO CAMINO A CASA

El primer modelo comercializado por la American Appliance Company se llamaba Radarange, en homenaje al origen relacionado con el radar del magnetrón, y salió al mercado en 1947. Las ventas de ese armatoste fueron más bien bajas. La forma más reducida de horno microondas que hoy conocemos tardaría veinte años en aparecer y lo haría de la mano de una empresa de Michigan, Amana Corporation. Sería el primer paso hasta la popularización de este electrodoméstico, que en Estados Unidos llegaría con el descenso de los precios en la segunda mitad de la década de 1970, no sin despertar todo tipo de falsas leyendas en torno a su uso. Esto lo ilustra perfectamente una escena de la película de 2013 *American hustle*, dirigida por David O. Russell. El personaje de Jennifer Lawrence asegura que cocinar alimentos con ese sistema «les quita todos sus nutrientes», afirmando haberlo leído en un artículo de Paul

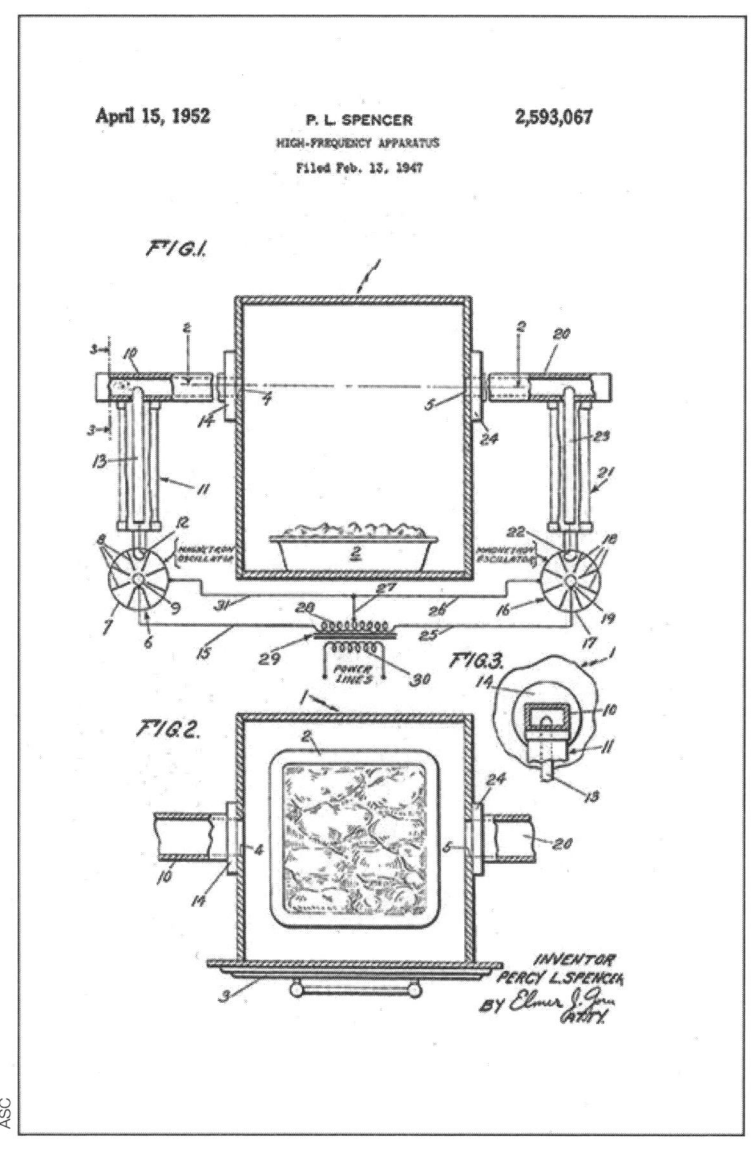

April 15, 1952   P. L. SPENCER   2,593,067
HIGH-FREQUENCY APPARATUS
Filed Feb. 13, 1947

Patente estadounidense US 2,593,067, «Aparato
de alta frecuencia». Presentada el 13 de febrero
de 1947 por Percy Spencer (Google Patents).

187

Brodeur, periodista real que acabó demandando a los guionistas de la película por considerar que este dato totalmente acientífico que nunca había escrito dañaba su reputación. En la película, la discusión sobre el microondas empieza después de que este provoque un pequeño incendio al haberle introducido una bandeja de metal: esto sí que es verídico, al menos mucho más que el tema de los nutrientes. Mientras que las moléculas de agua de los alimentos absorben la energía de las microondas, las superficies metálicas impiden que esta energía llegue a su interior y lo que hacen es acumularla en su exterior (de hecho, precisamente por eso la cámara del microondas es metálica, para aislar y contener la radiación). Si los bordes del objeto metálico son lisos, como en una cuchara, el peligro es bajo y puede significar como mucho ver alguna chispa. El problema se agrava cuando el objeto metálico tiene algún borde puntiagudo, como sucede por ejemplo con un tenedor: la carga electromagnética puede llegar a acumularse en sus puntas hasta provocar un estallido que acabe dañando el horno. Así que, por favor, ¡ni se te ocurra probarlo en casa!

Mientras que la popularización de los hornos microondas en los hogares estadounidenses se produjo en la década de 1970, en España todavía tardaría diez años más, aunque luego fue igualmente rápida. Según el Instituto Nacional de Estadística español, en 2008 el 85,5 % de hogares españoles disponían de horno microondas. Curiosamente, aunque sea un electrodoméstico que conceptualmente se suele relacionar con alimentos precocinados y una poca pericia culinaria más propia de estudiantes y personas solteras, en realidad la presencia de los microondas en los hogares es mayor cuando más residentes hay. En las casas con cuatro o más convivientes la presencia de los microondas es del 92,1 %, en oposición al 72,6 % de los hogares unipersonales.

Spencer murió en septiembre de 1970, a los setenta y seis años. Aunque la lenta implantación del microondas le impediría ver el gran triunfo del pequeño electrodoméstico en la mayoría de hogares de medio mundo, obtuvo reconocimientos tanto por este invento como por otros de sus logros. Fue miembro de la Academia Estadounidense de Artes y Ciencias, del Instituto de

Ingenieros de Radio y doctor Honorario en Ciencias por la Universidad de Massachusetts. No está nada mal para un huérfano que ni tan siquiera pudo terminar la enseñanza básica, pero que se convirtió en alguien tan curioso y perseverante como para saber ver una oportunidad en la casualidad que quiso que una chocolatina se deshiciera en su bolsillo.

CURIOSIDADES

El plasma es conocido como el cuarto estado de la materia, después de los tres clásicos sólido, líquido y gas. Se produce al ionizar un gas, a consecuencia de la alta vibración intermolecular de muy altas temperaturas, lo que provoca colisiones que liberan electrones. El fuego se considera plasma de muy baja temperatura, siendo también manifestaciones terrestres de este estado de la materia los relámpagos, las auroras boreales y hasta el interior de las luces de tubo fluorescente. Pero ¿sabías que con una simple uva podemos obtener plasma en el interior de un horno microondas?

Esta fue durante muchos años una curiosidad típica de los vídeos de internet, pero ha sido un estudio publicado por la revista *Proceedings of the National Academy of Sciences* en 2018 el que ha conseguido explicar el motivo del fenómeno.

El experimento consistía simplemente en calentar en el microondas una sola uva cortada por la mitad, pero sin llegar a separar los dos hemisferios. El resultado era que acababan emitiendo unas potentes llamaradas de plasma, aunque nadie era capaz de explicar el proceso con detalle.

Según este estudio, realizado conjuntamente por investigadores de las universidades canadienses de Concordia y de Trent, la clave de lo que sucede está en el punto intermedio entre las dos mitades de uva. Aunque parecía que debían estar todavía unidas, las pruebas realizadas en el laboratorio han demostrado que no hacía falta, es suficiente con que estén muy próximas, a una distancia inferior a los 3 mm.

Demostración de cocción por ondas de radio en la Feria
Mundial de Chicago de 1933, «Century of Progress»,
Chicago, Illinois, EE. UU., ilustración de la portada
de la revista radiofónica de Hugo Gernsback.

190

Si las mitades de uva se calientan por separado, la energía electromagnética de las microondas se concentra en la parte central del interior de cada hemisferio, pero, cuando estas se colocan a la proximidad indicada, el campo electromagnético pasa a formarse conjuntamente en un punto intermedio. De esta manera, llega a generarse una temperatura tan alta como para ionizar el sodio y el potasio presentes en la fruta, acabando por generar las vistosas explosiones de plasma que tan populares se hicieron en internet. En los experimentos, los investigadores repitieron el mismo resultado con bolas de hidrogel, la sustancia absorbente que encontramos por ejemplo en los pañales, y también con huevos de codorniz. La conclusión fue que la geometría similar de estos objetos era otra clave para lograr este efecto, así como la necesidad de un medio mínimamente acuoso.

Más allá de lograr explicar el mecanismo que causa esta curiosidad tan vistosa, los autores del estudio aseguran que este conocimiento podría resultar útil para la nanofotónica, la ciencia que estudia el comportamiento e interacciones de la luz a escala nanométrica. Así, podría servir para diseñar antenas omnidireccionales de microondas o dispositivos de microscopia que funcionen a nivel nanométrico.

En cualquier caso, y a la espera de nuevos estudios que puedan probar todas estas aplicaciones, lo más importante aquí es que, por muy llamativos que sean los vídeos de internet… ¡No lo pruebes en casa! La cocina no es un laboratorio y más vale evitar cualquier tipo de accidente. Mejor dejarlo a los profesionales.

14

LA VIAGRA (1998)

El lanzamiento al mercado de un medicamento no es un hecho que suela protagonizar las portadas de la prensa, ni marcar el inicio de los telediarios. En la actualidad, sí es noticia la aparición de algún nuevo tratamiento para enfermedades como el cáncer y el alzhéimer, pero raramente conocemos la fecha de llegada de algún medicamento a las farmacias. Como ya hemos visto en el caso de una medicina tan importante como la penicilina, lo normal es que los medios de comunicación se interesen ante hechos más llamativos, como fue el papel del descubrimiento de Fleming en la Segunda Guerra Mundial.

Pero en noviembre de 1998 ocurrió algo totalmente distinto. El día 2 llegaba a las farmacias españolas una pastillita azul llamada viagra y todo el mundo lo sabía. Periódicos y televisiones hablaban sobre el funcionamiento de este medicamento que, de hecho, desde hacía un tiempo ya se podía adquirir en Andorra y Gibraltar. El hecho de que fuera el primer fármaco de la historia contra la disfunción eréctil daba mucho que hablar, en platós, bares y sobremesas. Seguramente había problemas médicos más graves, pero los humanos somos así y ciertos temas nos llaman especialmente la atención… Aun así, ese día no hubo un especial interés en su venta en España. De hecho, en la mayor parte de farmacias que se consultó, los farmacéuticos no habían vendido ningún envase de viagra y no habían atendido a ningún cliente interesado por ella. ¿Vergüenza, quizá?

Pero hoy en día muchos afirman que la viagra ha sido el error médico más rentable de la historia. Lo de error es discutible, pero nadie puede discutir ni que ha sido de los medicamentos más lucrativos del último siglo ni que su descubrimiento fue, una vez más, fruto de la casualidad.

UN ORIGEN MENOS EXCITANTE

En 1980, el bioquímico estadounidense Robert Furchgott (1916-2009) demostró la existencia en el cuerpo humano de un potente vasodilatador sintetizado por el endotelio, un tejido que reviste interiormente algunas cavidades orgánicas como la pleura o los vasos sanguíneos. En 1986, el también estadounidense Louis José Ignarro (1941-) y el hondureño Salvador Moncada (1946-) identificaron este agente vasodilatador como monóxido de nitrógeno (NO), entonces conocido como óxido nítrico. Ambos publicaron sus resultados en 1987, el primero en *Proceedings of the National Academy of Sciences* y el segundo en la revista *Nature*. Cinco años después, en 1992, la revista *Science* premió al monóxido de nitrógeno como la molécula del año. Por su lado, Furchgott e Ignarro compartieron el Nobel de Medicina de 1998 por sus trabajos. Sorprendentemente, no lo compartieron también con Moncada, sino con el farmacólogo estadounidense Ferid Murad, quien en 1976 había determinado que la nitroglicerina conseguía dilatar los vasos sanguíneos gracias precisamente a la emisión del monóxido de nitrógeno. En solidaridad con Moncada y como desagravio al «olvido» de los nobel, casi un centenar de organizaciones científicas entre universidades, academias y sociedades han reconocido públicamente el papel clave del doctor hondureño tanto en el descubrimiento de que el óxido nítrico es liberado por las células endoteliales como en el desentrañamiento de su vía metabólica. Además, sus trabajos acumulan más de 20 000 citas, cifra que demuestra su valor y utilidad para la comunidad científica. Incluso uno de los que sí consiguió el Nobel de 1998, Robert Furchgott, declaró lo siguiente al respecto: «Creo que el Comité de los Premios Nobel podría haber hecho una excepción este año y escoger a una cuarta persona, Salvador Moncada».

Dejando a un lado la polémica que conllevó la decisión de los académicos suecos, que ni es la primera vez que ocurre ni seguramente tampoco será la última, el hecho es que todos estos descubrimientos determinaron que el monóxido de nitrógeno provoca en los vasos sanguíneos la relajación del músculo liso, contribuyendo a la vasodilatación y el consiguiente aumento del flujo sanguíneo. En este mecanismo, es clave la inhibición de la proteína enzimática fosfodiesterasa de tipo 5, PDE5.

Con este nuevo dato, empezaron las investigaciones para crear un medicamento que realizara esta acción inhibidora de la PDE5, ya que la nitroglicerina, que se utilizaba desde mucho antes de comprender el porqué de su funcionamiento, genera rápidamente tolerancia y en seguida deja de surgir efecto.

Fue el químico británico Simon Campbell (1941-) quien a finales de los ochenta lideró el equipo de la farmacéutica Pfizer responsable de sintetizar esta nueva molécula, llamada sildenafilo. El objetivo era lograr un medicamento que sirviera para tratar las anginas de pecho, una molestia producida cuando una parte del músculo del corazón recibe un déficit de sangre rica en oxígeno. Esto ocurre comúnmente cuando se obstruyen las arterias del corazón, de aquí que los investigadores pensaran en la vasodilatación como remedio y en el sildenafilo como panacea.

En la parte baja de Gales

Los primeros ensayos clínicos del sildenafilo empezaron en 1991 en la ciudad de Merthyr Tydfil. Se trata de una población de 30 000 habitantes situada al sur de Gales. Destaca por su gran pasado industrial, que la llevó a ser conocida como la capital mundial del hierro a principios del siglo xix y hasta a ser la ciudad más poblada de Gales a mediados del mismo siglo.

Pero a inicios de los años noventa, todos estos logros formaban parte del pasado. La realidad de Merthyr Tydfil era la de un municipio con un problema de empleo derivado del cierre de plantas siderúrgicas. Para muchos parados sin estudios de la población, participar en los experimentos de la clínica de investigación local Simbec-Orion era una manera sencilla de conseguir ingresos. Y, precisamente, en esta institución es donde Pfizer realizó las primeras pruebas del sildenafilo, identificado con el código UK-92.480.

ASC

Pastilla azul de viagra.

Los sujetos del ensayo debían tomar 3 pastillas al día durante 10 días consecutivos. A cambio, les pagaban 250 libras de la época, lo que hoy vendrían a ser unos 532 euros. Lo único que sabían era que se trataba de un medicamento experimental para la angina de pecho y que, como sucede con la gran mayoría de fármacos, podía tener efectos secundarios. Lo que no se podían imaginar los investigadores era la parte del cuerpo donde tendrían lugar esos efectos inesperados.

196

Muchos de los participantes en las pruebas explicaron, no sin vergüenza, que durante los días que tomaron las pastillas notaron que tenían más erecciones de lo habitual y que estas eran más firmes y duraderas. Aunque antes de este ensayo nadie contara con este efecto del sildenafilo, la verdad es que tiene todo el sentido del mundo. Su efecto vasodilatador facilita la entrada de sangre en los cuerpos cavernosos del pene, precisamente el mecanismo que permite la erección del miembro. Además, y esto es una ventaja, como la acción inhibidora de la PDE5 del sildenafilo simplemente sirve para preparar la infraestructura, la erección continúa requiriendo de un estímulo erótico previo, en oposición a una posible erección forzada o automática.

Pero recordemos que la pretensión inicial de Pfizer era tratar la angina de pecho. En este sentido, el estudio fue una decepción: no solo no mostró resultados en el objetivo buscado, sino que además presentaba este efecto secundario como mínimo curioso. En términos normales el ensayo había sido un rotundo fracaso. Pero, de nuevo, lo que en un sentido era un fiasco, en otro podía convertirse en éxito. Fue una casualidad, pero los investigadores tuvieron la visión suficiente como para intuir que, si lo encaminaban hacia una dirección distinta, estaban delante de un medicamento revolucionario.

APUNTANDO ALTO

Tras el ensayo clínico en Merthyr Tydfil, Pfizer decidió reorientar sus planes con el sildenafilo. ¿Era posible convertirlo en un medicamento contra la disfunción eréctil?

Lo primero era comprobar que lo que habían explicado los sujetos del ensayo era realmente a causa del fármaco. El encargado de intentar replicar esos efectos en el laboratorio fue Chris Wayman. Primero conectó una serie de tejidos penianos a un dispositivo que les enviaba un impulso eléctrico. En un principio no se producía ningún efecto… pero al añadir el sildenafilo en la solución donde se encontraban los tejidos, entonces sí que, cuando recibían el impulso eléctrico, relajaban sus vasos

197

sanguíneos de la misma manera que durante una erección. Por lo tanto, quedaba demostrado que el sildenafilo había sido el culpable del inesperado efecto secundario. Confirmado esto, Pfizer podía plantearse de nuevo la misma pregunta: ¿era posible convertirlo en un medicamento contra la disfunción eréctil?

ASC

Estructura de la viagra.

La respuesta solo podía obtenerse a través de otro ensayo clínico, esta vez buscando lo que en el estudio inicial había sido un efecto sorpresa. Se realizó en 1993 en la ciudad inglesa de Bristol con hombres que sufrían de disfunción eréctil. Le seguiría otro estudio en 1994 con los pacientes del hospital Morriston de Swansea, de nuevo en Gales. La farmacéutica eligió este centro porque tenía un gran número de pacientes diabéticos y con problemas cardíacos, dos dolencias que en algunos casos pueden tener como consecuencia la disfunción eréctil.

Como entonces la perspectiva ya era la de una posible medicación contra un problema estrictamente sexual, Pfizer también activó una maquinaria más propia de las relaciones públicas que de lo meramente médico. La compañía temía que su producto fuera demonizado por los sectores más conservadores de la población, de aquí que desde el principio restringieran la participación en los estudios a hombres heterosexuales con parejas estables. De hecho, esta preocupación de Pfizer sería una constante hasta con la comercialización de la viagra, así que en ocasiones hasta presentó el fármaco como un remedio capaz de salvar matrimonios y ayudar así a los valores tradicionales de la familia. Aunque la farmacia del Vaticano no distribuyó viagra cuando esta se puso a la venta en Italia, tan mal no les debía parecer cuando años después diversos arzobispados han invertido en Pfizer.

Más allá de los juicios morales, el resultado de estos nuevos ensayos fue un éxito total, hasta el punto de que los participantes se negaban a devolver las pastillas sobrantes. Entre los efectos secundarios detectados, había dos destacados. El primero era la cianopsia temporal, una alteración momentánea de la visión donde todo se ve teñido ligeramente de azul. El motivo nada tiene que ver con el color corporativo de Pfizer en el que finalmente se comercializarían las famosas pastillas para darles una personalidad distintiva, sino que es fruto del efecto del sildenafilo en los fotorreceptores de nuestros ojos. El otro efecto secundario era que algunas erecciones duraban hasta cuatro horas, aunque los sujetos que lo experimentaron más bien lo encontraban beneficioso. Como dicen los programadores, *a feature, not a bug* (una característica no un error). Así pues, Pfizer decidió apostar por lanzar un medicamento como ningún otro que se había creado antes. Pero dentro de la misma empresa había dudas sobre si alguien podría querer comprar un fármaco así. Básicamente porque implicaba reconocer un problema que se tenía como muy vergonzoso y que, al fin y al cabo, tampoco era una cuestión de vida o muerte. La solución del equipo de márquetin fue popularizar el término «disfunción eréctil», que parecía menos lesivo para el orgullo masculino que el entonces mucho más utilizado «impotencia». Otra parte importante del trabajo de ventas era convencer a los especialistas que tendrían que recetar la viagra, los urólogos. Aunque eran los primeros escépticos, cuentan los encargados de ventas de Pfizer que su estrategia acabó resultando gracias al hecho de que eran un sector poco cuidado por los comerciales de las farmacéuticas. Así como cardiólogos y neurólogos estaban más que acostumbrados a los grandes regalos de este tipo de empresas, para los urólogos que les pagaran viajes con todo incluido era toda una novedad que les acabó animando a querer apostar por la pastillita azul. Una de sus ventajas, y esta fue la apuesta del equipo de márquetin para vender el producto, era la sencillez de administración, ya que lo más parecido a remedios para la impotencia que existía entonces eran métodos tan invasivos como inyecciones en el pene.

Por lo que al nombre se refiere, la elección de Viagra® tenía la intención de buscar un nombre distintivo que se vinculara a una idea de vigor, de aquí la similitud entre ambas palabras. En la tormenta de ideas para transmitir este concepto, una de las palabras que surgió fue la de Niágara, en referencia a las impresionantes cascadas situadas en la frontera entre Estados Unidos y Canadá. De una suerte de fusión entre vigor y Niágara surgió la marca por la que hoy conocemos el sildenafilo, el nombre genérico.

Con toda la maquinaria lista, solo faltaba un pequeño gran detalle: la aprobación de la Administración de Alimentos y Medicamentos de Estados Unidos (FDA). Esta llegó vía fax un poco antes del mediodía del 27 de marzo de 1998, en una sala con una docena de directivos de Pfizer esperando ansiosos.

LOS NÚMEROS TAMBIÉN CRECEN

En las dos semanas siguientes a la aprobación del uso médico del sildenafilo, los urólogos estadounidenses expendieron decenas de miles de recetas de viagra. A finales de 1998 ya se habían vendido 100 millones de pastillas. Aunque había distintas dosis y paquetes, el precio medio era de unos 14 euros por unidad. Las expectativas iniciales de Pfizer eran unos beneficios de 100 millones de dólares, pero en poco tiempo alcanzaron diez veces esa cifra.

Todo el mundo hablaba de la viagra, era motivo de todo tipo de bromas en los programas nocturnos de la televisión, pero también de comentarios y análisis sociológicos en las columnas de opinión de los periódicos. Hasta la revista *Time* dedicó su portada del mes de mayo a la pastilla azul. Tanta expectación provocó también un trasvase de la viagra hacia el mercado negro en todos aquellos países donde todavía estaba pendiente de aprobación.

En la actualidad, podemos afirmar sin ningún tipo de duda que esa capacidad de reconvertir el fracaso de un medicamento para la angina de pecho se ha convertido en uno de los logros más lucrativos de la historia farmacéutica. Aunque los equivalentes genéricos de la viagra aparecieron en 2013 en Europa y 2019 en Estados Unidos, según Bloomberg, el fármaco significó para Pfizer unos beneficios directos de casi 16 000 millones de euros en veinte años. A día de hoy se calcula que más de 70 millones de hombres han tomado alguna vez viagra y su necesidad parece ir en aumento: mientras que en 1995 se calculaba que en el mundo había 152 millones de hombres que padecían de disfunción eréctil, las estimaciones actuales apuntan que para 2025 serán 322 millones.

CURIOSIDADES

La viagra fue una revolución inesperada para la sexualidad masculina. De aquí que muchas farmacéuticas esperaran conseguir lo mismo con la sexualidad femenina. Aunque quizá fuera más una operación de márquetin que un problema de salud porque ¿cuál sería el equivalente femenino a la impotencia masculina? Las empresas decidieron que la falta de deseo sexual, lo que se conoce como Trastorno del Deseo Sexual Hipoactivo, habitual en la etapa premenopáusica. La solución fue la flibanserina, una molécula que se había estado probando como antidepresivo y que, un poco como sucedió con el sildenafilo, se mostró poco efectivo para su propósito inicial, pero mostró un aumento de las relaciones sexuales como efecto secundario. Sin embargo, aunque «viagra femenina» les suene genial a los comerciales de las farmacéuticas, que (oh, sorpresa) decidieron venderla de color rosa, su funcionamiento no tiene nada que ver con el de su supuesta homóloga azul. La flibanserina actúa en el cerebro, incrementando los niveles de dopamina y norepinefrina, dos neurotransmisores relacionados con la motivación. A la vez, es un agonista del receptor de la serotonina 1A y un antagonista del receptor de la serotonina 2A, otro neurotransmisor que contribuye a sentirnos saciados. La combinación, pues, debería contribuir al aumento de la libido y, de hecho, así lo mostraron los ensayos clínicos, aunque las cifras distan de ser espectaculares: la efectividad solo fue del 10% y, además, es similar a la frecuencia de efectos secundarios como mareos, vómitos y sensación de fatiga. Y, mientras que la viagra debe administrarse horas antes de la relación sexual, la flibanserina debe tomarse cada día.

La flibanserina fue aprobada por la FDA el 18 de agosto de 2015 después de dos intentos infructuosos que se remontan a 2010. De hecho, antes del primer rechazo (el segundo fue en 2013), quien estaba desarrollando el fármaco era la farmacéutica alemana Boehringer Ingelheim, pero después de ese primer revés traspasó los derechos a la estadounidense Sprout Pharmaceuticals, una empresa de tan solo 25 empleados que es quien la acabó distribuyendo bajo el nombre comercial de Addyi®.

EPÍLOGO

En 1557, el editor veneciano Michele Tramezzino (1526-1582) publicó *Peregrinaggio di tre giovani figliuoli del re di Serendippo* (*Peregrinaje de tres jóvenes hijos del rey de Serendib*). La obra, atribuida al traductor Cristóforo el Armenio (*c.* 1534- *c.* 1557), adapta una historia popular persa centrada en las sorprendentes deducciones que los tres príncipes protagonistas logran a alcanzar a través de observar pequeños detalles. De hecho, la novela de Voltaire (1694-1778) *Zadig* incluye un capítulo basado en las pesquisas de los tres príncipes, siendo una influencia directa de las posteriores novelas detectivescas, desde *Los crímenes de la calle Morgue* de Edgar Allan Poe (1809-1849) a todo el universo de Sherlock Holmes.

Pero si el título de esta obra nos suena poco hoy en día, en realidad la culpa es del escritor inglés Horace Walpole (1717-1797). Este autor y aristócrata se tomó un poco a la ligera el hecho de que los príncipes de Serendib extrajeran grandes deducciones a partir de los indicios más nimios, destacando mucho más la cuestión accidental o de suerte que el proceso racional que venía a continuación. Por este motivo, a partir del nombre de Serendib (que en realidad era la manera de referirse a la actual Sri Lanka por parte de los antiguos persas), Walpole creo el concepto *serendipia* como palabra para referirse a esos hechos felices que ocurren fruto de la casualidad y que tanto han servido para desencallar tramas literarias como avances científicos. Aunque el salto de serendipia a la lengua castellana ha sido más bien reciente, ya que la RAE aceptó la palabra a finales de 2014, en el vocabulario inglés ya se acomodó rápidamente en el mismo siglo XVIII.

Los catorce casos que hemos repasado a lo largo de las páginas de este libro serían ejemplos perfectos de la definición de serendipia: hechos positivos que nacen a partir de una casualidad o accidente. Pero, como también habrás podido comprobar capítulo a capítulo, de nada servirían estos brotes de suerte si no hubiera nadie que los percibiera, interpretara y aprovechara. Y esto enlaza con otro concepto clave: la suerte.

Y es que la suerte es algo un poco complejo de definir, ya que es como un ente al que le damos toda la responsabilidad de lo que no es responsabilidad nuestra. Para bien o para mal, pero si algo no depende de nosotros, lo más fácil es atribuirlo a la buena o a la mala suerte. Y aunque la discusión sobre si la suerte realmente existe o no pueda ser una entretenida charla de tintes filosóficos, la verdad es que, sí, la ciencia también ha intentado investigar para responder a esta pregunta en diversas ocasiones. Y la respuesta siempre es negativa. Valga como ejemplo un experimento muy simple que realizó el psicólogo inglés Richard Wiseman (1966-) para un programa de la BBC:

1. Primero seleccionó a dos sujetos. La diferencia es que uno se consideraba a sí mismo una persona con buena suerte y el otro alguien con mala suerte.

2. Luego diseñó un mismo recorrido que debían hacer cada uno por separado. Consistía en ir hasta una cafetería a por un café. Por el camino, les habían dejado un billete de 5 libras en el suelo. Y en la cafetería un actor estaba caracterizado como un ejecutivo exitoso en la mesa más cercana a la barra.

3. Tras enviar a cada uno de los sujetos a por el café, se les preguntó qué tal les había ido. Y el relato no podría ser más diferente… mientras que la persona que se consideraba a sí misma sin suerte explicó que todo había transcurrido

204

normal, sin nada a destacar, el relato de la que se percibía como afortunada era todo lo contrario. Respondió que le había ido fenomenal, ya que se había encontrado un billete de 5 libras y que se había hecho amiga de alguien (el supuesto ejecutivo triunfador) que podía abrirle las puertas a nuevas oportunidades.

Según Wiseman, esto demuestra que la suerte es tan solo una percepción de los resultados de quien lo que ha hecho es estar atento y abierto a nuevas posibilidades. Una afirmación que podríamos aplicar a todos los científicos que hemos ido conociendo en cada capítulo.

Porque podríamos hacer el planteamiento inverso. Todas estas serendipias las conocemos porque dieron un resultado. Pero nada nos permite asegurar que sean las únicas casualidades que hayan ocurrido a lo largo de la historia de la ciencia moderna. ¿Quién sabe cuántos más hechos fortuitos han acaecido en laboratorios de todo el mundo pasando desapercibidos porque nadie acertó a interpretarlos como una oportunidad? Con esto quiero llegar a dos ideas básicas.

La primera es que, aunque las serendipias quizá conviertan algunos hallazgos científicos en historias más interesantes que contar respecto a lo más habitual, que no son sino acumulaciones de horas y horas de investigación…, también comportan acumulaciones de horas y horas de investigación. Y no solo individuales: la ciencia es un trabajo en equipo; un esfuerzo colectivo que, además, trasciende el espacio y el tiempo. Y es que no solo en los laboratorios trabajamos codo con codo con nuestro propio equipo. En realidad, lo que conseguimos lo hacemos gracias a todos los que han investigado antes que nosotros a lo largo de la historia. Esperando, además, poder aportar nuestro grano de arena a los que investigarán en el futuro después de nosotros.

La otra idea es un hecho del que seguramente te hayas dado cuenta a medida que ibas avanzando páginas: la inmensa mayoría de los personajes de este libro son hombres. ¿Significa esto que los hombres tienen mejor suerte que las mujeres? Bueno, como te acabo de explicar, la ciencia nos refutaría la existencia de este factor, de manera que tampoco sería posible hacer ningún tipo de distinción de género en este sentido. Pero lo que sí podemos demostrar es que en la ciencia el papel de la mujer ha sido obstaculizado y minorizado de la misma forma que en tantos otros aspectos de la historia. Un hecho que ha ido cambiando poco a poco, muy lentamente, y al que todavía le queda mucho recorrido. Sirva como ejemplo la poca presencia femenina que año tras año continúan mostrando los Premios Nobel.

No es para nada casualidad, pues, que un libro como *La ciencia y el azar* tenga tan pocos personajes femeninos. Mi deseo, pues, es que, en un futuro, pero más temprano que tarde, si a alguien le da por recoger nuevos descubrimientos científicos nacidos de la casualidad, el resultado sea mucho más paritario. Construir el camino para que esto sea posible no depende de ningún golpe de suerte: es una cuestión de voluntad. Las científicas existimos y cada vez somos más. Y de la misma manera que nos hacemos oír, necesitamos alguien al otro lado que nos escuche. De la misma manera que has hecho tú al leer este libro. Así que, ¡muchas gracias y a aprovechar todas las serendipias que te presente la vida!

AGRADECIMIENTOS

Gracias a ti, lector, por escoger este libro y dedicar una parte de tu valioso tiempo en leerlo. Espero que lo hayas disfrutado tanto como yo escribiéndolo. Al final, si no hay alguien que les haga cobrar vida al leerlos, los libros no son más que meros objetos.

Gracias a todos los que sabían de este gran reto y me han apoyado: amigos, familiares, compañeros de laboratorio… Este libro se ha escrito durante una de las etapas más importantes de mi vida, puede que la más importante, la gestación de mi hija, y no habría sido posible sin la ayuda y respaldo de todos.

Gracias de nuevo a mi familia por estar siempre ahí, por no dejar que me rinda y creer en mis proyectos. Por darme la educación, los ánimos y el valor para poder perseguir mis sueños. Gracias a mi marido Enric por estar siempre ahí para todo lo que pueda imaginar y más, y a mi linda bebé, por venir al mundo cuando más lo necesitaba.

Gracias a mis miles de seguidores en redes sociales, también sois mi apoyo, el motivo por el que estoy en el mundo de la divulgación científica. Cada *like* y cada comentario me animan a seguir más y más. Gracias por formar parte de este camino y por confiarme vuestro tiempo y vuestra atención. Porque, al final, el aprendizaje es mutuo y porque con vosotros he crecido y aprendido. Gracias por haber tomado un día la decisión de seguirme, por compartir vuestros pensamientos y alentarme con vuestros comentarios.

Gracias a la editorial Pinolia, en especial a Eugenio Manuel y a Sofía, por darme la oportunidad y confiar en que este libro se pudiera gestar con tan magnífico resultado.

A todos, muchas gracias.

BIBLIOGRAFÍA

1 El fósforo blanco (1669)

Bouatra, S. *et al.* (2013). The human urine metabolome, *PLoS ONE*, 8(9), p. e73076. https://doi.org/10.1371/journal.pone.0073076 Pérez, J. (2024). *En busca de la piedra filosofal: la era de la alquimia.* https://historia.national geographic.com.es/a/busca-piedra-filosofal-era-alqui-mia_17103

Colegio Oficial de Farmacéuticos de Madrid (2020). *¿Sabías que la primera cerilla de fricción la inventó un farmacéutico* https://blog.cofm.es/sabias-que-la-primera-cerilla-de-fric cion-la-invento-un-farmaceutico/

Emsley, J. (2000). *The shocking history of phosphorus.* Macmillan.

Jiménez, J. (2018). *El alemán que vivía rodeado de litros y litros de orina: así fue como buscando la piedra filosofal descubrimos el fósforo.* https://www.xataka.com/investigacion/aleman-que-vivia-rodeado-litros-litros-orina-asi-fue-co mo-buscando-piedra-filosofal-descubrimos-fosforo

Jiménez, J. (2021). *El día en que conseguimos la «piedra filosofal»: cuando la ciencia cumplió el viejo sueño de los alquimistas y pudo transmutar otros elementos en oro.* https://www.xataka.com/investigacion/dia-que-conseguimos-piedra-fi-

losofal-cuando-ciencia-cumplio-viejo-sueno-alquimis
tas-pudo-transmutar-otros-elementos-oro

Lazcano, P. (2016). *Newton creía en la piedra filosofal.* https://www.
latercera.com/noticia/newton-creia-en-la-piedra-filosofal/

2 LOS RAYOS INFRARROJOS (1800)

40-foot Herschelian (reflector) telescope tube remains | Royal
Museums Greenwich (2011). https://www.rmg.co.uk/co
llections/objects/rmgc-object-11109

Fernández-Rúa, J. M. (2020). ¿Cómo ven las serpientes en
la oscuridad? https://biotechmagazineandnews.com/co
mo-ven-las-serpientes-en-la-oscuridad/

Fischer, A. (2021). *Así se ve el mundo a través de los ojos de
las abejas.* https://www.ngenespanol.com/animales/asi-se-
ve-el-mundo-a-traves-de-los-ojos-de-las-abejas/

Fuller Wright, L. (2020). *Wild hummingbirds see a broad range
of colors humans can only imagine.* https://www.princeton.
edu/news/2020/06/15/wild-hummingbirds-see-broad-ran
ge-colors-humans-can-only-imagine

GM, A. (2023.) *Así ven el mundo los perros.* https://www.na-
tionalgeographic.com.es/mundo-animal/asi-ven-mundo-
perros_19161

Institut Català de Retina (2019). ¿Cómo ve los colores el ojo
humano? https://icrcat.com/vision-en-color-ojo-humano/

Micu, A. (2023). *The color purple is unlike all others, in a phy-
sical sense.* https://www.zmescience.com/feature-post/natu-
ral-sciences/physics-articles/matter-and-energy/color-pur
ple-non-spectral-feature/

Parra, S. (2013). *El planeta que se llamó Jorge durante 40 años.*
https://www.xatakaciencia.com/astronomia/el-planeta-
que-se-llamo-jorge-durante-40-anos

Pérez, J. I. (2014). *Muchos mamíferos ven radiaciones ultravioletas.* https://zoologik.naukas.com/2014/03/06/muchos-ma
miferos-ven-radiaciones-ultravioletas/

Ring, F. (2012). The Bath Philosophical Society and its influence on William Herschel's Career. *Culture and Cosmos*, 16(1 and 2), pp. 45-52. https://doi.org/10.46472/cc.01216.0211

Valcarce, J. (2016). *Funcionamiento de un mando a distancia* http://javiervalcarce.eu/html/arduino-ir-remote-functio ning-es.html

3 LA ANESTESIA (1844)

Arnold, M. J., Harding, M. C. y Conley, A. T. (2021). Dietary Guidelines for Americans 2020-2025: Recommendations from the U.S. Departments of Agriculture and Health and Human Services. *PubMed*, 104(5), pp. 533-536. https://pub med.ncbi.nlm.nih.gov/34783510

Brennan, P. L., Schutte, K. K. y Moos, R. H. (2005). Pain and use of alcohol to manage pain: prevalence and 3-year outco- mes among older problem and non-problem drinkers. *Ad- diction*, 100(6), pp. 777-786. https://doi.org/10.1111/j.1360- 0443.2005.01074.x

Center for the History of Medicine (2020). *The death of Horace Wells.* https://collections.countway.harvard.edu/onview/ex- hibits/show/introduction/morton-jackson-wells/wells-death

Departamento de Salud y Servicios para Personas Mayores de New Jersey (2017). *Hoja informativa sobre sustancias peligrosas.* https://nj.gov/health/eoh/rtkweb/documents/ fs/1399sp.pdf

Franks, N. P. and Lieb, W. R. (1982). Molecular mechanisms of general anaesthesia. *Nature*, 300(5892), pp. 487-493. ht tps://doi.org/10.1038/300487a0

Harry Archer, W. (2010). *The Life And Letters Of Horace Wells: Discoverer Of Anesthesia.* Kessinger Publishing.

John Collins Warren's description of the operation · Strange Ma- gic of the Enchanted GobletOnView (nodate). https://collec- tions.countway.harvard.edu/onview/exhibits/show/intro duction/gilbert-abbott-1/warren-abbott-operation

Méndez, J. (2015). *El funcionamiento de la anestesia continúa siendo un misterio.* https://www.agenciasinc.es/Reportajes/El-funcionamiento-de-la-anestesia-continua-siendo-un-misterio

Riley, J. L. y King, C. (2009). Self-Report of alcohol use for pain in a Multi-Ethnic Community sample. *Journal of Pain*, 10(9), pp. 944-952. https://doi.org/10.1016/j.jpain.2009.03.005

4 LOS COLORANTES SINTÉTICOS (1856)

BBC News (2018). *William Henry Perkin, el inglés que descubrió los tintes sintéticos por accidente y revolucionó la química.* https://www.bbc.com/mundo/noticias-43372284

Benkendorff, K. (1999). *Bioactive molluscan resources and their conservation: biological and chemical studies on the egg masses of marine molluscs.* https://ro.uow.edu.au/theses/278/

Encyclopaedia Britannica (1998). *Sir William Henry Perkin | Organic synthesis, Dye-making, Aniline.* https://www.britannica.com/biography/William-Henry-Perkin

Fitzroy, A. W. The London Gazette, 3 de agosto de 1906. https://www.thegazette.co.uk/London/issue/27937/page/5341

Herradón, B. (2017). *Perkin y los colorantes sintéticos.* https://principia.io/2015/03/12/perkin-y-los-colorantes-sinteticos.Ijk2Ig/

Holme, I. (2006). Sir William Henry Perkin: a review of his life, work and legacy. Coloration Technology, 122(5), pp. 235-251. https://doi.org/10.1111/j.1478-4408.2006.00041.x

La malaria a través de la historia: Los descubrimientos que nos han traído hasta aquí (Parte 2) (2017). https://www.isglobal.org/healthisglobal/-/custom-blog-portlet/a-short-history-of-malaria-the-discoveries-that-brought-us-here-part-2-/91316/0

Outreach, R. (2019). *The mystery of the Victorian purple dye.* https://researchoutreach.org/articles/mystery-victorian-purple-dye/

Sabadell, M. Á. (2024). *El invento que dio color a nuestra vida: el tinte.* https://www.muyinteresante.com/tecnologia/62976.html

School of Chemistry-University of Bristol (2004). *Sir William Henry Perkin.* https://www.chm.bris.ac.uk/webprojects2002/jeffrey/perkins.htm

SCI America (2024). *Chemical Industry Medal.* https://sci-america.org/awards/#perkin

Stadler, M. M. (2021). *El color morado y la revolución de los colorantes sintéticos.* https://mujeresconciencia.com/2021/03/08/el-color-morado-y-la-revolucion-de-los-colorantes-sinteticos/

The Hofmann Memorial Lecture. *Nature,* 137, 772 (1936). https://doi.org/10.1038/137772c0

Unidad Editorial Internet, S.L. (2009). *Los orígenes de la malaria* https://www.elmundo.es/elmundosalud/2009/08/03/biociencia/1249321300.html

5 LA ESTRUCTURA DEL BENCENO (1865)

Freire, N. (2024). *Las sorprendentes moléculas que parecen formas humanas.* https://www.nationalgeographic.com.es/ciencia/moleculas-nanoputienses-compuestos-organicos-forma-humana_22168

Ledesma, J.M. (2020). *La Caracterización Estructural del Benceno de Kekulé: un Ejemplo de Creatividad y Heurística en la Construcción del Conocimiento Químico.* https://doi.org/10.1590/1516-731320200019

Meinguer Ledesma, J. (2024). Charles Gerhardt, precursor de la segunda revolución química. *Revista Didáctica y Educación,* pp. 84-85. https://dialnet.unirioja.es/descarga/articulo/9385137.pdf

Michael Faraday's sample of benzene | Royal Institution (2022). https://www.rigb.org/explore-science/explore/collection/michael-faradays-sample-benzene

Michael Faraday (1791-1867) | Royal Institution (2022). https://www.rigb.org/explore-science/explore/person/michael-faraday-1791-1867

Parra, S. (2015). *El descubrimiento de la serpiente química que se mordía la cola.* https://www.xatakaciencia.com/quimica/

el-descubrimiento-de-la-serpiente-quimica-que-se-mor
dia-la-cola

Ponsok, J. (2016). *Organic Chemistry Principles in context* https://www.academia.edu/22771773/Organic_Chemistry_Principles_in_Context

Rocke, A. J. (2024). *August Kekule von Stradonitz | German Chemist & Organic Structural Theory Pioneer.* https://www.britannica.com/biography/August-Kekule-von-Stradonitz

6 LA SACARINA (1879)

Anon. (July 17, 1886). The inventor of saccharine. *Scientific American.* New series. 60 (3), p. 36

Encyclopaedia Britannica (2024). *Saccharin | artificial sweetener, sugar substitute, food additive.* https://www.britannica.com/science/saccharin

Herradón, B. (2017). ¡Se descubre la sacarina! https://principia.io/2015/02/27/27-de-febrero-de-1879-descubri miento-de-la-sacarina.Ijg2Ig/#:~:text=La%20sacarina%20 tiene%20el%20c%C3%B3digo,tolueno%20o%20de%20 %C3%A1cido%20antran%C3%ADlico

Maldita.es (2021). *El mapa gustativo de la lengua es un mito, pero sí hay regiones de este órgano con más sensibilidad a ciertos sabores.* https://maldita.es/malditaciencia/20210922/ mapa-lengua-mito-regiones-sensibilidad-sabores/

Vallverdú i Segura, Jordi. Marc teòric de les controvèrsies científiques: el cas de la sacarina. Universitat Autònoma de Barcelona, 27 de mayo de 2002. https://www.tesisenred.net/ handle/10803/5159#page=1

7 LOS RAYOS X (1895)

Boice, J. *et al.* (2020) Evolution of radiation protection for medical workers. *British Journal of Radiology*, 93(1112), p. 20200282. https://doi.org/10.1259/bjr.20200282

Busch, U. (2016). Wilhelm Conrad Roentgen. El descubrimiento de los rayos X y la creación de una nueva profesión médica. Revista Argentina de Radiología / Argentinian Journal of Radiology, 80(4), pp. 298-307. https://doi.or g/10.1016/j.rard.2016.08.003.

Buzzi, A. (2015). La demostración pública de Röntgen.*Revista Argentina de Radiología / Argentinian Journal of Radiology,* 79(3), pp. 165-169. https://doi.org/10.1016/j. rard.2015.07.005.

Hektoen International (2024). *Francis Henry Williams: the first American chest radiologist - Hektoen International.* https://hekint.org/2021/04/27/francis-henry-williams-the-first-ame rican-chest-radiologist/.

Prego, C. (2021). *El día que Marie Curie se sentó al volante de una ambulancia para salvar vidas en la guerra.* https:// hipertextual.com/2018/04/marie-curie-petites-curie-gue rra-mundial

Röntgen Museum (2020). *Studien über Gase - Deutsches Röntgen Museum.* https://roentgenmuseum.de/cool_timeline/ studien-ueber-gase/.

Samueli, J.J. (2009). *Röntgen's discovery of X-rays* http://www.bibnum.education.fr/sites/default/files/rontgen-analysis.pdf

Souto, M. (2017). *Petite Curie.* https://principia.io/2017/01/16/ petite-curie.IjUwNCI/

Tomé, C. (2019). *El descubrimiento de los rayos X.* https://culturacientifica.com/2019/07/16/el-descubrimiento-de-los-rayos-x/.

The Nobel Prize in Physics 1901 (2018). https://www.nobelprize.org/prizes/physics/1901/rontgen/facts/

Wyder, Margrit (2015). *Einstein und Co.-Nobelpreisträger in Zürich*; Verlag NZZ libro, Zürich. https://www.uzh.ch/ cmsssl/dam/jcr:00000000-2031-a26c-ffff-ffff91c31a0a/ roentgen_en.pdf

X-rays (2013). https://www.nibib.nih.gov/science-education/ science-topics/x-rays

8 LA RADIACTIVIDAD (1896)

Badash, L. (2024). *Henri Becquerel | French physicist & radioactivity pioneer.* https://www.britannica.com/biography/Henri-Becquerel

Cultura Científica (2013). *Atrapando la suerte.* https://culturacientifica.com/2013/06/11/atrapando-la-suerte/

Jiménez, J. (2021). *El cuaderno de Marie Curie que, aún hoy, hay que mantener en cajas de plomo.* https://www.xataka.com/historia-tecnologica/el-cuaderno-de-marie-curie-que-aun-hoy-puede-matarte

The Nobel Prize (2018). *The Nobel Prize in Physics 1903* https://www.nobelprize.org/prizes/physics/1903/becquerel/biographical/

Usos de las radiaciones - CSN (2021). https://www.csn.es/usos-de-las-radiaciones#:~:text=Los%20materiales%20radiactivos%20y%20las,radiodiagn%C3%B3stico%2C%20radioterapia%20y%20medicina%20nuclear

9 LA PENICILINA (1928)

Alexander Fleming Discovery and Development of Penicillin - Landmark - American Chemical Society (nodate). https://www.acs.org/education/whatischemistry/landmarks/flemingpenicillin.html

Alonso, J.R. (2016). *La verdadera historia de la penicilina.* https://www.jotdown.es/2016/10/la-verdadera-historia-la-penicilina/

Barret, M., Barret, M. and Barret, M. (2018). *La verdadera historia del primer paciente tratado con penicilina.* https://elpais.com/elpais/2018/05/21/ciencia/1526897155_270336.html

Crespo, I. (2021). *Fleming no hizo lo que crees: el cuento de la penicilina.* https://www.larazon.es/ciencia/20210723/jhoa76lj2fcq7ff35hsbfy6hu4.html

Descubrimiento y desarrollo de la penicilina - American Chemical Society (2022). https://www.acs.org/education/wha

tischemistry/landmarks/historia-quimica/descubrimien to-desarrollo-penicilina.html

Diggins, F. W. (1999). *The true history of the discovery of penicillin, with refutation of the misinformation in the literature.* https://pubmed.ncbi.nlm.nih.gov/10695047/

Fleming, A. (1919). *On streptococcal infections of sèptic wounds at a base hospital.* https://www.sciencedirect.com/science/article/abs/pii/S0140673601483747

Science History Institute (2024). *Alexander Fleming | Science History Institute.* https://sciencehistory.org/education/scientific-biographies/alexander-fleming/

The discovery of Penicillin - Dunn School (2023). https://www.path.ox.ac.uk/centenary/our-history/the-discovery-of-penicillin/

The Nobel Prize (2020). *The Nobel Prize in Physiology or Medicine 1945.* https://www.nobelprize.org/prizes/medicine/1945/fleming/questions-and-answers/

10 El velcro (1941)

BBC News (2018). *El trágico final de Wallace Carothers, el revolucionario inventor del nylon.* https://www.bbc.com/mundo/noticias-43568591

Conocimiento, V. A. (2021). *Wallace Carothers: la estrella fugaz de la química* https://www.bbvaopenmind.com/ciencia/grandes-personajes/wallace-carothers-la-estrella-fugaz-de-la-quimica/

Corbeil, S. (2022). *Nylon: the reason we won World War II — and started shaving our legs.* https://www.wearethemighty.com/mighty-history/nylon-ww2-why-women-shave/

Gavín, Á. (2018). *Historias de innovación, en carne y hueso: El velcro, aprendiendo de la madre naturaleza.* https://www.heraldo.es/noticias/sociedad/2018/12/01/el-velcro-aprendiendo-madre-naturaleza-1280500-310.html

Nanotechnology solutions for self-cleaning, dirt and water-repellent coatings (2011). https://www.nanowerk.com/spotlight/spotid=19644.php

Stephens, T. (2007). *How a Swiss invention hooked the world.* http://www.swissinfo.ch/eng/velcro_how-a-swiss-invention-hooked-the-world/5653568 VELCRO (2022). *Nuestra historia.* https://www.velcro.es/original-thinking/nuestra-historia

11 EL SUPERPEGAMENTO (1942)

3M (2016) *Acerca de la marca.* Post-it® https://post-it.3m.com.es/3M/es_ES/post-it-notes/contact-us/about-us/

BillCullenNet (2023). *I've got a Secret - January 7, 1959.* https://www.youtube.com/watch?v=0XG-lgREKso

Delgado, D. (2019). ¿Quién inventó el Super Glue? https://www.muyinteresante.com/historia/34838.html#google_vignette

Grijelmo, Á. (2023). *Los «pósit» se inventaron por casualidad. Su nombre me recuerda algo.* https://elpais.com/ideas/2023-10-01/los-posit-se-inventaron-por-casualidad-su-nombre-me-recuerda-algo.html

JM, G. G. (2012). *Cianoacrilato: Definición y propiedades. Toxicidad y efectos secundarios. Aplicaciones en medicina y odontología.* https://scielo.isciii.es/scielo.php?script=sci_arttext&pid=S0213-12852012000200006#:~:text=Los%20primeros%20usos%20m%C3%A9dicos%20del,ejemplo%3A%20heridas%20de%20pecho)

Parra, S. (2010). ¿Por qué el Super Glue es tan fuerte? https://www.xatakaciencia.com/quimica/por-que-el-super-glue-es-tan-fuerte

Tomé, C. (2020). *Historia del Super Glue.* https://culturacientifica.com/2020/11/10/historia-del-super-glue/

12 EL LSD (1943)

Briñol, L.C. (2022). ¿Existe la droga de la verdad? https://www.muyinteresante.com/ciencia/19845.html

Dyck, E. (2015). LSD: a new treatment emerging from the past. *Canadian Medical Association Journal*, 187(14), pp. 1079-1080. https://doi.org/10.1503/cmaj.141358

House, R.E. (1922). *The Use Of Scopolamine In Criminology*. https://todayinsci.com/H/House_Robert/HouseRobert-UseOfScopolamine(1922).htm

Ruiz Franco, J. C. (2015). *Albert Hofmann. Vida de un químico humanista*. La liebre de marzo.

13 El horno microondas (1945)

¿Cómo *calienta un microondas los alimentos? ¿Por qué parte de la comida puede estar fría y el resto quemando?* (2022). https://inta.es/descubre-y-aprende/es/Curiosidades/Tecnologia-en-casa/microondas/

INE - Instituto Nacional de Estadística (2020) *Porcentaje de viviendas que disponen de algún pequeño electrodoméstico, por tamaño de la vivienda (no de personas que la habitan) y tipo de pequeño electrodoméstico*. https://www.ine.es/jaxi/Datos.htm?path=/t25/p500/2008/p01/l0/&file=01027.px#_tabs-tabla

Khattak, H. K., Bianucci, P. y Slepkov, A. D. (2019b) Linking plasma formation in grapes to microwave resonances of aqueous dimers. *Proceedings of the National Academy of Sciences*, 116(10), pp. 4000-4005. https://doi.org/10.1073/pnas.1818350116

Romero, S. (2024). ¿Qué pasa si colocas algo de metal en el microondas? https://www.muyinteresante.com/ciencia/22116.html

Spencer Jr., G. R. (2002) *GRAMPS, How an orphan from Maine became the Modern Age Edison and one of the Century's Greatest Inventors*. https://web.archive.org/web/20140325193613/http://www.softslide.us/gramps/index.htm

14 LA VIAGRA (1998)

BBC News (2015). *9 preguntas para entender qué es y cómo funciona Addyi, el 'viagra femenino.* https://www.bbc.com/ mundo/noticias/2015/08/150819_salud_preguntas_viagra_ femenino_addyi_lv

De Berrazueta, J. R. (1999). *El Nobel para el óxido nítrico. La injusta exclusión del Dr. Salvador Moncada.* https://www. revespcardiol.org/es-el-nobel-el-oxido-nitrico--articu-lo-X0300893299000742

El Mundo (2 de noviembre de 1998) *Escasa venta de la Viagra en España en su primer día de comercialización.* https://www.elmundo.es/elmundo/1998/noviembre /02/ciencia/viagra.htmlTorres, M. (no date) *Viagra: la historia de un fracaso convertido en éxito.* https://sebbm.es/ rincon-del-aula/viagra-la-historia-de-un-fracaso-converti-do-en-exito/

Ignarro, L.J. *et al.* (1987). Endothelium-derived relaxing factor produced and released from artery and vein is nitric oxide. *Proceedings of the National Academy of Sciences,* 84(24), pp. 9265-9269. https://doi.org/10.1073/pnas.84.24.9265

Kushner, D. (2018). *How Viagra Went from a Medical Mistake to a $3-Billion-Dollar-a-Year Industry.*https://www.esquire. com/lifestyle/health/a22627822/viagra-erectile-dysfunc tion-pills-history/

Palmer, R. M. J., Ferrige, A. G. y Moncada, S. (1987).Nitric oxide release accounts for the biological activity of endo-thelium-derived relaxing facto.' *Nature,* 327(6122), pp. 524-526. https://doi.org/10.1038/327524a0Montero, A. A. y Carnerero, C. I. S. (2016). Disfunción sexual femenina: opciones de tratamiento farmacológico. *Medicina De Familia SEMERGEN,* 42(5), pp. e33-e37. https://doi.org/10.1016/j. semerg.2016.02.008

Sabater-Tobella, J. (2021). *Flibanserina: la mal llamada viagra femenina.* https://eugenomic.com/recursos/blog/flibanseri-na-viagra-femenina/

Shuttleworth, B. P. (2023). *Merthyr Tydfil: The industrial town that paved the way for Viagra.* https://www.bbc.com/news/uk-wales-67417111

Epílogo

Busch, C. (2024) *How to be lucky.* https://psyche.co/guides/how-to-open-up-to-serendipity-and-create-your-own-luck.

Este libro se terminó de imprimir en el mes de enero de 2025 en Gráfica Anzos, S. L. U. (Madrid).